月　日

1 九九のきまり（1）

＊ おはじきとばしのゲームをしました。5回して、次のようになりました。

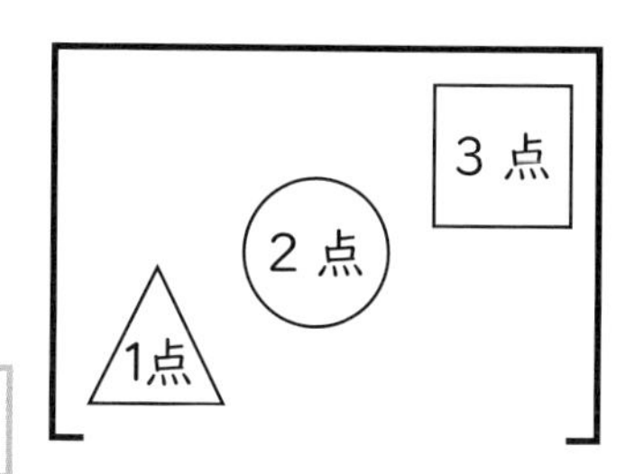

点数	3点	2点	1点	0点	合計
回数	1	0	2	2	5
とく点	3		2		

① 2点は0回です。とく点は何点ですか。

式 □×□＝□

答え

② 0点は2回です。とく点は何点ですか。

式 □×□＝□

答え

③ 合計とく点は何点ですか。

式 3＋□＋2＋□＝□

答え

※ どんな数に0をかけても、また0にどんな数をかけても、答えは0になります。

月　日

2 九九のきまり（2）

1 次(つぎ)の計算をしましょう。

① $3 \times 0 =$　② $8 \times 0 =$

③ $6 \times 0 =$　④ $5 \times 0 =$

⑤ $7 \times 0 =$　⑥ $1 \times 0 =$

⑦ $2 \times 0 =$　⑧ $4 \times 0 =$

2 次の計算をしましょう。

① $0 \times 5 =$　② $0 \times 9 =$

③ $0 \times 4 =$　④ $0 \times 3 =$

⑤ $0 \times 7 =$　⑥ $0 \times 8 =$

⑦ $0 \times 2 =$　⑧ $0 \times 6 =$

月　日

九九のきまり（3）

＊ □にあてはまる数をかきましょう。

① 3×4＝4×□

② 8×7＝7×□

③ 6×5＝5×□

④ 5×9＝9×□

⑤ 7×6＝□×7

⑥ 3×8＝□×3

⑦ 2×7＝□×2

⑧ 4×5＝□×4

4 九九のきまり（4）

＊ □にあてはまる数をかきましょう。

① 3×4＝3×3＋□

② 8×7＝8×6＋□

③ 6×5＝6×□＋6

④ 5×9＝5×□＋5

⑤ 7×6＝7×7－□

⑥ 4×6＝4×7－□

⑦ 3×7＝3×□－3

⑧ 5×5＝5×□－5

月　日

5 たし算（1）

＊ 次(つぎ)の計算をしましょう。

①

	1	4	6
＋	4	2	3

②

	2	4	5
＋	7	5	1

③

	6	4	3
＋	2	3	1

④

	2	4	7
＋	4	5	1

⑤

	3	0	5
＋	5	2	1

⑥

	2	3	4
＋	3	4	0

⑦

	5	5	1
＋	4	2	3

⑧

	3	1	1
＋	4	8	3

6 たし算（2）

＊ 次(つぎ)の計算をしましょう。

①

	2	3	5
+	5	4	8

②

	4	4	6
+	2	2	7

③

	7	2	9
+	1	2	4

④

	5	6	4
+	4	1	8

⑤

	4	3	1
+	2	9	4

⑥

	4	7	1
+	3	4	6

⑦

	5	8	3
+	2	8	4

⑧

	2	7	4
+	1	3	2

月　日

7 たし算（3）

＊ 次(つぎ)の計算をしましょう。

①
	4	5	2
＋	4	6	9

②
	2	7	4
＋	5	7	8

③
	3	7	6
＋	2	9	6

④
	3	4	8
＋	5	9	7

⑤
	2	4	5
＋	3	7	6

⑥
	5	6	8
＋	2	9	2

⑦
	4	4	9
＋	1	6	1

⑧
	3	7	3
＋	5	3	7

月　日

8 たし算（4）

＊ 次(つぎ)の計算をしましょう。

①
	3	6	9
＋	2	3	5

②
	2	5	8
＋	5	4	7

③
	6	2	5
＋	1	7	8

④
	4	9	5
＋	3	0	8

⑤
	4	5	3
＋	2	4	9

⑥
	5	1	5
＋	2	8	5

⑦
	3	6	1
＋	2	3	9

⑧
	1	9	7
＋	7	0	3

月　日

9 ひき算（1）

＊ 次(つぎ)の計算をしましょう。

①
	5	6	7
−	4	2	3

②
	9	9	6
−	7	5	1

③
	6	9	8
−	2	4	7

④
	8	5	6
−	3	0	4

⑤
	3	9	9
−	1	8	4

⑥
	4	8	7
−	1	4	2

⑦
	7	4	9
−	6	2	4

⑧
	8	3	6
−	5	2	1

月　日

10 ひき算（2）

＊ 次(つぎ)の計算をしましょう。

①
	7	8	3
−	5	4	8

②
	6	7	3
−	2	2	7

③
	8	6	4
−	4	2	6

④
	3	7	5
−	1	5	8

⑤
	9	1	7
−	4	4	6

⑥
	4	2	8
−	1	8	3

⑦
	9	4	7
−	5	8	3

⑧
	3	1	8
−	1	5	7

月　日

11 ひき算（3）

＊ 次(つぎ)の計算をしましょう。

①

	9	2	1
−	4	6	9

②

	8	5	2
−	5	7	8

③

	6	5	2
−	2	9	6

④

	4	3	2
−	1	6	7

⑤

	8	2	1
−	5	4	5

⑥

	6	7	1
−	1	8	6

⑦

	7	4	0
−	4	7	8

⑧

	4	5	0
−	1	9	7

ひき算（4）

月　日

＊ 次(つぎ)の計算をしましょう。

①
	8	0	5
−	5	4	7

②
	6	0	4
−	2	3	5

③
	7	0	3
−	4	1	7

④
	5	0	2
−	1	2	8

⑤
	7	0	0
−	3	6	5

⑥
	6	0	0
−	2	7	8

⑦
	9	0	0
−	3	7	6

⑧
	4	0	0
−	1	8	7

月　日

13 たし算とひき算（1）

＊ 次（つぎ）の計算をしましょう。

①
	6	3	4	5
＋	3	1	3	0

②
	2	8	1	1
＋	3	1	6	2

③
	1	4	0	8
＋	3	2	4	4

④
	4	0	2	3
＋	1	7	5	8

⑤
	6	5	5	4
＋	1	8	2	6

⑥
	1	8	6	7
＋	3	8	2	5

⑦
	5	6	4	2
＋	2	7	5	9

⑧
	4	0	5	5
＋	3	9	4	6

14

たし算とひき算 (2)

月　日

＊ 次(つぎ)の計算をしましょう。

①

	4	9	8	3
−	2	8	5	1

②

	5	4	7	8
−	3	1	6	5

③

	3	2	6	3
−	2	1	4	7

④

	5	5	4	2
−	3	2	2	6

⑤

	4	3	7	5
−	2	5	4	9

⑥

	8	2	7	1
−	5	4	1	5

⑦

	5	5	9	7
−	3	7	9	9

⑧

	5	6	4	8
−	3	8	5	9

月　日

15 時こくと時間（1）

1　家を午前8時40分に出て30分歩くと、商店がいに着きました。着いた時こくは何時何分ですか。

式

答え

2　2時間目は午前10時30分に終わります。勉強する時間は45分間です。2時間目が、はじまった時こくは何時何分ですか。

式

答え

3　野球のおうえんに行くことになりました。午前11時10分に球場に着きたいと思います。家から球場まで35分かかります。何時何分に家から出かけますか。

式

答え

16 時こくと時間（2）

1 図書館に午前10時30分に入りました。本をかりるてつづきをして図書館を出たのが午前11時20分でした。図書館には何分間いましたか。

式

答え

2 午前9時20分発のバスに乗りました。目てき地に着いたのは、午前10時3分でした。バスには何分間乗っていましたか。

式

答え

3 午前11時10分にはじまった野球のしあいは、午後1時15分に終わりました。しあい時間は何時間何分ですか。

式

答え

17 時こくと時間（3）

１分より短い時間に **秒** があります。

１分＝60 秒

1 次のストップウオッチは、何秒ですか。

①

□ 秒

②

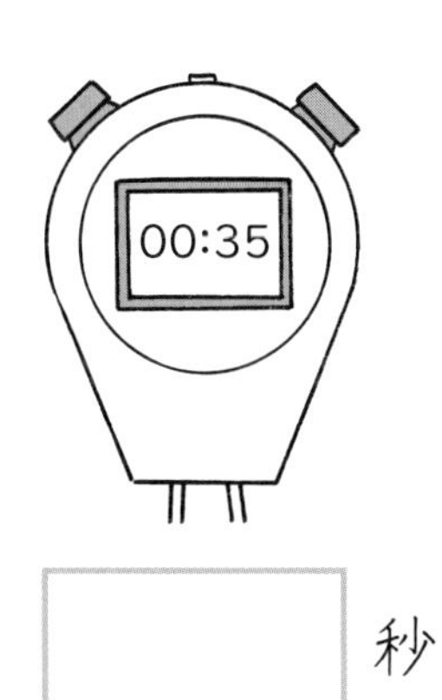

□ 秒

2 次の時間は何秒ですか。

① １分＝□秒　② ２分＝□秒

③ ３分＝□秒　④ ４分＝□秒

⑤ １分 40 秒＝□秒

⑥ ３分 15 秒＝秒

月　　日

18 時こくと時間（4）

1 次の時間は何分何秒ですか。

① 90 秒＝□分□秒

② 130 秒＝□分□秒

③ 200 秒＝□分□秒

④ 250 秒＝□分□秒

⑤ 300 秒＝□分□秒

2 ジュニア水泳大会があります。男子 50 m 自由形のベストタイムは 34 秒で、平泳ぎのベストタイムは 46 秒です。ちがいは何秒ですか。

式

答え

19 かけ算（×１けた）（1）

	1	2
×		3
	3	6

たてにくらいをそろえてかきます。
㋐　３×２をして６をかきます。
㋑　３×１をして３をかきます。

＊ 次(つぎ)の計算をしましょう。

①

	2	1
×		4

②

	3	3
×		2

③

	4	2
×		2

④

	2	3
×		3

⑤

	3	0
×		2

⑥

	4	0
×		2

20 かけ算（×１けた）（2）

	3	1
×		5
1	5	5

たてにくらいをそろえてかきます。
㋐　5×1をして5をかきます。
㋑　5×3をして15をかきます。

＊ 次(つぎ)の計算をしましょう。

①

	5	2
×		3

②

	4	2
×		4

③

	6	2
×		3

④

	7	3
×		2

⑤

	8	3
×		3

⑥

	4	3
×		3

21 かけ算（×1けた）(3)

	2	5
×		3
	7	5

㋐　3×5＝15で、一のくらいは5、十のくらいに小さく1をかきます。

㋑　3×2＝6と1をたして7をかきます。

＊　次(つぎ)の計算をしましょう。

①

	2	6
×		3

②

	2	9
×		2

③

	1	5
×		5

④

	4	8
×		2

⑤

	2	6
×		4

⑥

	3	5
×		3

22 かけ算（×１けた）(4)

	3	4
×		5
1	7 [2]	0

㋐　5×4＝20で、一のくらいは0、十のくらいに小さく2をかきます。
㋑　5×3＝15と2で17、百のくらいに1、十のくらいに7をかきます。

＊ 次(つぎ)の計算をしましょう。

①

	4	7
×		4

②

	5	4
×		6

③

	6	5
×		3

④

	8	8
×		6

⑤

	5	9
×		9

⑥

	6	8
×		6

月　日

23 かけ算（×１けた）（5）

413×2の計算もかけられる数が2けたのときと同じようにして、2×3、2×1、2×4をそれぞれ計算します。

＊ 次の計算をしましょう。

①

	1	2	2
×			4

②

	3	2	2
×			3

③

	5	1	4
×			2

④

	7	1	2
×			4

⑤

	8	2	3
×			3

⑥

	9	4	4
×			2

月　日

24 かけ算（×１けた）（6）

＊ 次(つぎ)の計算をしましょう。

①
	8	6	5
×			3

②
	9	1	8
×			4

③
	8	4	5
×			2

④
	5	9	6
×			5

⑤
	3	9	3
×			6

⑥
	9	8	3
×			7

⑦
	4	0	7
×			6

⑧
	7	0	0
×			4

月　日

25 あなあき九九（1）

＊ □にあてはまる数をかきましょう。

① $2 \times \square = 16$

② $3 \times \square = 12$

③ $5 \times \square = 10$

④ $4 \times \square = 20$

⑤ $7 \times \square = 14$

⑥ $6 \times \square = 36$

⑦ $8 \times \square = 40$

⑧ $9 \times \square = 36$

⑨ $5 \times \square = 25$

⑩ $4 \times \square = 32$

⑪ $3 \times \square = 21$

⑫ $6 \times \square = 24$

⑬ $2 \times \square = 12$

⑭ $8 \times \square = 56$

⑮ $9 \times \square = 27$

⑯ $7 \times \square = 49$

⑰ $4 \times \square = 24$

⑱ $5 \times \square = 40$

月　日

26 あなあき九九（2）

＊ □にあてはまる数をかきましょう。

① $2 \times \square = 14$　② $3 \times \square = 24$

③ $5 \times \square = 35$　④ $4 \times \square = 28$

⑤ $7 \times \square = 21$　⑥ $6 \times \square = 18$

⑦ $8 \times \square = 48$　⑧ $9 \times \square = 45$

⑨ $5 \times \square = 20$　⑩ $4 \times \square = 24$

⑪ $3 \times \square = 18$　⑫ $6 \times \square = 30$

⑬ $2 \times \square = 18$　⑭ $8 \times \square = 64$

⑮ $9 \times \square = 36$　⑯ $7 \times \square = 56$

⑰ $2 \times \square = 16$　⑱ $4 \times \square = 36$

月　日

27 わり算（1）

＊ どんぐりが６こあります。３人で同じ数ずつ分けます。
１人分は何こになりますか。

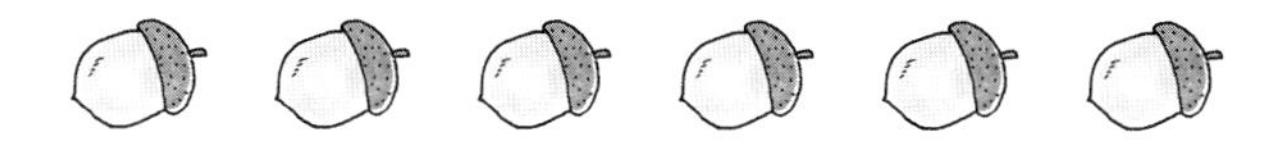

１こずつ配(くば)ります。そうすると

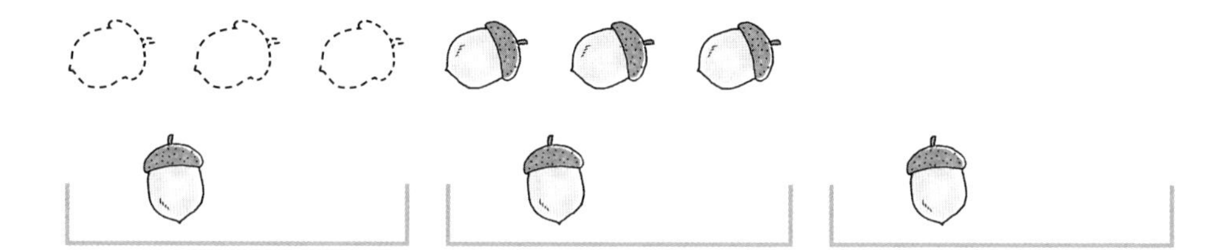

もう１こずつ配ります。

１人分は２こになりました。
これを式(しき)で表(あらわ)すと

式　6÷3＝2

答え

月　日

28 わり算（2）

1 24まいのクッキーを、6人で同じ数ずつ分けます。
1人分は何まいですか。

式（しき）

答え

2 15まいの画用紙を、5人で同じ数ずつ分けます。
1人分は何まいですか。

式

答え

3 30この湯飲み（ゆのみ）を、6つの箱（はこ）に同じ数ずつ入れます。
1箱分は何こですか。

式

答え

月　　日

29 わり算（3）

＊　キャラメルが10こあります。1人に2こずつ配(くば)ると、何人に配れますか。

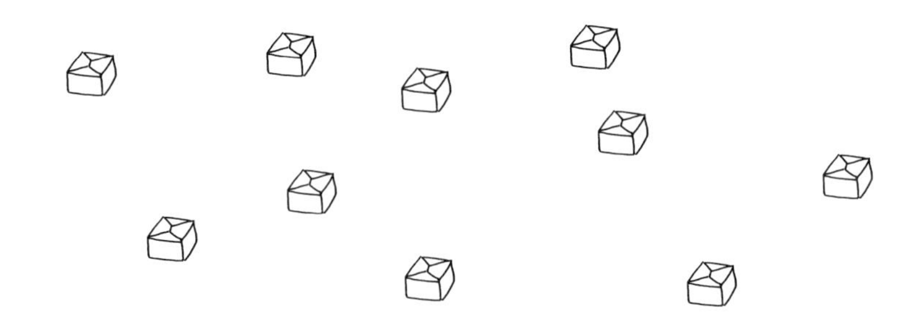

このままではわかりにくいので2こずつ組にします。

1人　2人　3人　4人　5人

5人に配れることがわかりました。
これを式(しき)で表(あらわ)すと

式　10÷2＝5

答え

30 わり算（4）

1 64cm のテープがあります。８cm ずつ切ると何本取（と）れますか。

式（しき）

答え

2 40 本のきくの花を、５本ずつたばねます。
きくのたばは、何たばできますか。

式

答え

3 32人で、４人ずつのグループをつくります。
何グループできますか。

式

答え

31 わり算（5）

1 ３このあめを３人で同じ数ずつ分けます。１人分は何こですか。（１人１こずつとります）

式　$3 \div 3 = \square$

答え

2 ０このあめを３人で同じ数ずつ分けます。１人分は何こですか。（あめはないので、もらえるのは０こです）

式　$0 \div 3 = \square$

答え

3 次（つぎ）の計算をしましょう。

① $4 \div 4 =$　② $8 \div 8 =$

③ $6 \div 6 =$　④ $0 \div 5 =$

⑤ $0 \div 4 =$　⑥ $0 \div 6 =$

⑦ $3 \div 1 =$　⑧ $5 \div 1 =$

月　日

32 わり算（6）

＊ 次(つぎ)の計算をしましょう。

① $16 \div 2 =$

② $20 \div 5 =$

③ $18 \div 9 =$

④ $30 \div 6 =$

⑤ $24 \div 8 =$

⑥ $9 \div 3 =$

⑦ $49 \div 7 =$

⑧ $45 \div 5 =$

⑨ $72 \div 9 =$

⑩ $20 \div 4 =$

⑪ $18 \div 3 =$

⑫ $8 \div 2 =$

⑬ $30 \div 5 =$

⑭ $27 \div 9 =$

⑮ $45 \div 9 =$

⑯ $28 \div 7 =$

⑰ $64 \div 8 =$

⑱ $42 \div 6 =$

月　日

わり算（7）

＊ 次(つぎ)の計算をしましょう。

① 35 ÷ 7 ＝

② 12 ÷ 6 ＝

③ 24 ÷ 4 ＝

④ 56 ÷ 8 ＝

⑤ 27 ÷ 9 ＝

⑥ 32 ÷ 4 ＝

⑦ 35 ÷ 5 ＝

⑧ 27 ÷ 3 ＝

⑨ 14 ÷ 2 ＝

⑩ 54 ÷ 6 ＝

⑪ 36 ÷ 6 ＝

⑫ 25 ÷ 5 ＝

⑬ 16 ÷ 8 ＝

⑭ 56 ÷ 7 ＝

⑮ 54 ÷ 9 ＝

⑯ 32 ÷ 8 ＝

⑰ 18 ÷ 6 ＝

⑱ 28 ÷ 7 ＝

34 わり算（8）

＊ 次(つぎ)の計算をしましょう。

① $36 \div 9 =$

② $16 \div 8 =$

③ $15 \div 5 =$

④ $36 \div 4 =$

⑤ $64 \div 8 =$

⑥ $40 \div 5 =$

⑦ $21 \div 3 =$

⑧ $6 \div 2 =$

⑨ $42 \div 7 =$

⑩ $18 \div 6 =$

⑪ $63 \div 9 =$

⑫ $12 \div 2 =$

⑬ $24 \div 6 =$

⑭ $15 \div 3 =$

⑮ $63 \div 7 =$

⑯ $81 \div 9 =$

⑰ $18 \div 2 =$

⑱ $35 \div 5 =$

月　日

35 大きい数（1）

100を10こ集（あつ）めたものを **千** といって、**1000** とかきます。1000を10こ集めたものを **一万** といって、**10000** とかきます。1万が10こで **十万**、10万が10こで **百万**、100万が10こで **千万** になります。

＊ 次（つぎ）の数はいくつですか。数字でかきましょう。

①

一万	千	百	十	一
●	●●	●	●●	●

（　　　　　　）

②

一万	千	百	十	一
●		●●	●	●

（　　　　　　）

③

一万	千	百	十	一
●●●	●	●●	●●●	●●

（　　　　　　）

④

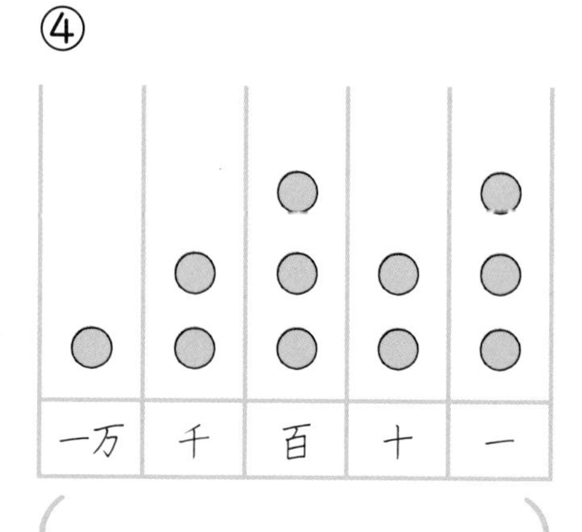

（　　　　　　）

月　日

36 大きい数（2）

1 次(つぎ)の数を読み、漢字(かんじ)でかきましょう。

① 1 4 0 6 4 0 0 0　東京都(とうきょうと)の人口（2020 国勢調査(こくせいちょうさ)）

千	百	十	一 万	千	百	十	一

（　　　　　　　　　人）

② 8 8 4 2 0 0 0　大阪府(おおさかふ)の人口（2020 国勢調査）

千	百	十	一 万	千	百	十	一

（　　　　　　　　　人）

2 次の数を数字でかきましょう。

① 三千八百二十五万六千七百三十九

（　　　　　　　　　）

② 二千六十三万八百二十一

（　　　　　　　　　）

③ 八千万五千六百四十三

（　　　　　　　　　）

④ 七千十三万六千九十九

（　　　　　　　　　）

月　日

37 大きい数（3）

＊ □にあてはまる数をかきましょう。

① 20460は、一万を□こ、百を□こ、十を□こあわせた数です。

② 34610000は、千万を□こ、百万を□こ、十万を□こ、一万を□こあわせた数です。

③ 一万を5こ、千を4こ、百を3こ、十を2こあわせた数は□です。

④ 千万を6こ、百万を7こ、十万を9こ、一万を8こあわせた数は□です。

⑤ 1000を48こ集(あつ)めた数は□です。

⑥ 10000を712こ集めた数は□です。

⑦ 65000は、1000を□こ集めた数です。

⑧ 430000は、10000を□こ集めた数です。

月　日

38 大きい数（4）

1 下のような直線を **数直線** といいます。ア〜エの表す数をかきましょう。

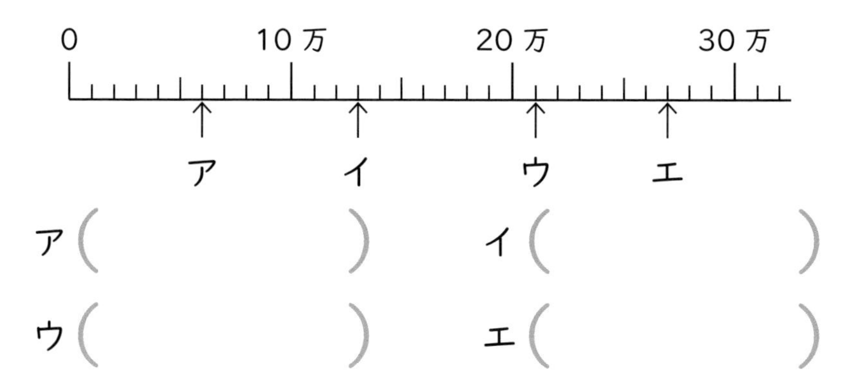

ア（　　　　　）　イ（　　　　　）

ウ（　　　　　）　エ（　　　　　）

千万を 10 こ集めた数を **一億** といい、100000000 とかきます。

7000万　8000万　9000万　1億

2 □にあてはまる＝、＞、＜の記号をかきましょう。

① 600万 □ 500万

② 120000 □ 1200000

③ 99万＋11万 □ 110万

月　日

39 大きい数（5）

1 12円の10倍(ばい)は何円ですか。

10円 → 100円
2円 → 20円

答え

2 次(つぎ)の数を（　）倍した数をかきましょう。

① 26（10倍）
（　　　　）

② 48（10倍）
（　　　　）

③ 35（100倍）
（　　　　）

④ 96（100倍）
（　　　　）

⑤ 365（1000倍）
（　　　　）

⑥ 402（1000倍）
（　　　　）

40 大きい数（6）

1 120円を10でわったものは何円ですか。

100円　→　10円
20円　→　2円

答え

2 次の数を（　）の数でわった数をかきましょう。

① 450（10）
（　　　　）

② 8600（10）
（　　　　）

③ 3200（100）
（　　　　）

④ 55000（100）
（　　　　）

⑤ 87000（1000）
（　　　　）

⑥ 120000（1000）
（　　　　）

41 あまりのあるわり算（1）

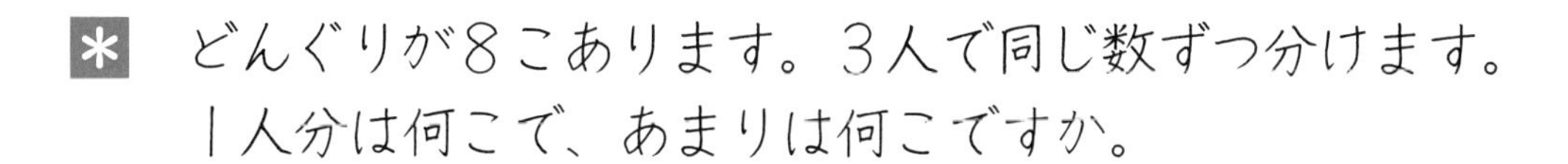

＊　どんぐりが８こあります。３人で同じ数ずつ分けます。
１人分は何こで、あまりは何こですか。

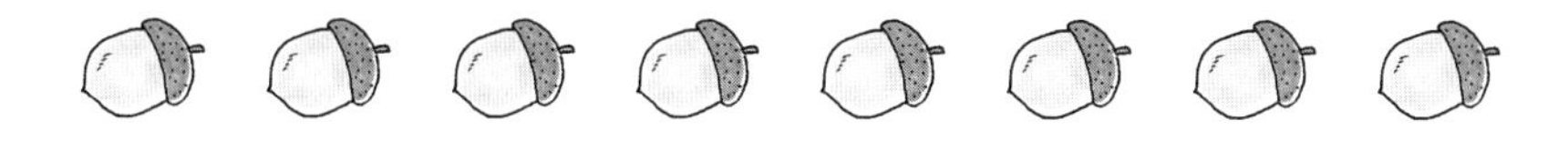

１こずつ配（くば）ります。そうすると

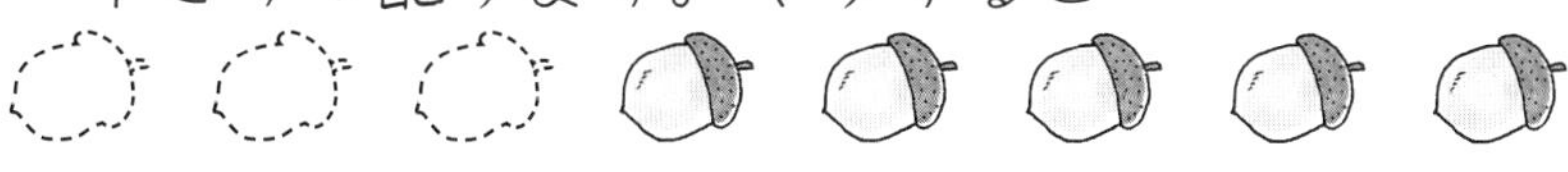

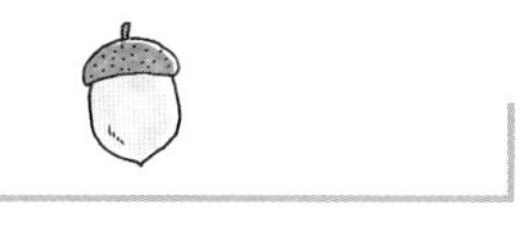

もう１こずつ配ります。

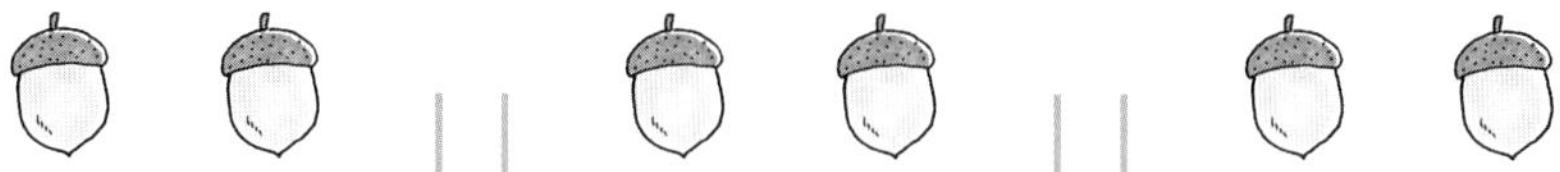

のこった２こでは、同じように配れません。

式（しき）　8÷3＝2あまり2

答え

※　あまりの２は、かならずわる数３より小さくなります。

月　日

42 あまりのあるわり算（2）

1 答えが正しいときには○、まちがっているときは、正しい答えをかきましょう。

① $16 \div 3 = 5$ あまり 1
（　　　　）

② $23 \div 7 = 3$ あまり 3
（　　　　）

③ $19 \div 2 = 8$ あまり 3
（　　　　）

④ $23 \div 4 = 5$ あまり 3
（　　　　）

⑤ $36 \div 5 = 6$ あまり 6
（　　　　）

⑥ $43 \div 7 = 6$ あまり 1
（　　　　）

2 次（つぎ）のわり算をして、たしかめもしましょう。

① $45 \div 6 =$ □ あまり □

たしかめ　$6 \times$ □（商（しょう））$+$ □（あまり）$= 45$

② $66 \div 8 =$ □ あまり □

たしかめ　$8 \times$ □ $+$ □ $= 66$

月　日

43 あまりのあるわり算（3）

＊ 次(つぎ)の計算をしましょう。

① 29 ÷ 3 ＝ あまり
② 13 ÷ 2 ＝ あまり
③ 38 ÷ 5 ＝ あまり
④ 56 ÷ 6 ＝ あまり
⑤ 26 ÷ 8 ＝ あまり
⑥ 19 ÷ 2 ＝ あまり
⑦ 25 ÷ 7 ＝ あまり
⑧ 41 ÷ 5 ＝ あまり
⑨ 49 ÷ 5 ＝ あまり
⑩ 13 ÷ 6 ＝ あまり
⑪ 27 ÷ 4 ＝ あまり
⑫ 48 ÷ 7 ＝ あまり
⑬ 42 ÷ 5 ＝ あまり
⑭ 17 ÷ 2 ＝ あまり
⑮ 26 ÷ 4 ＝ あまり
⑯ 77 ÷ 8 ＝ あまり
⑰ 83 ÷ 9 ＝ あまり
⑱ 25 ÷ 3 ＝ あまり

月　日

44 あまりのあるわり算（4）

＊ 次(つぎ)の計算をしましょう。

① 59 ÷ 8 ＝ あまり　② 27 ÷ 7 ＝ あまり

③ 23 ÷ 3 ＝ あまり　④ 66 ÷ 8 ＝ あまり

⑤ 36 ÷ 5 ＝ あまり　⑥ 19 ÷ 3 ＝ あまり

⑦ 25 ÷ 4 ＝ あまり　⑧ 59 ÷ 7 ＝ あまり

⑨ 23 ÷ 4 ＝ あまり　⑩ 46 ÷ 6 ＝ あまり

⑪ 47 ÷ 5 ＝ あまり　⑫ 11 ÷ 2 ＝ あまり

⑬ 28 ÷ 3 ＝ あまり　⑭ 36 ÷ 7 ＝ あまり

⑮ 41 ÷ 8 ＝ あまり　⑯ 26 ÷ 5 ＝ あまり

⑰ 27 ÷ 6 ＝ あまり　⑱ 38 ÷ 9 ＝ あまり

月　日

45 あまりのあるわり算（5）

＊ 次(つぎ)の計算をしましょう。

① $47 \div 9 =$ 　あまり

② $17 \div 8 =$ 　あまり

③ $14 \div 5 =$ 　あまり

④ $58 \div 7 =$ 　あまり

⑤ $28 \div 8 =$ 　あまり

⑥ $56 \div 9 =$ 　あまり

⑦ $69 \div 7 =$ 　あまり

⑧ $57 \div 8 =$ 　あまり

⑨ $47 \div 5 =$ 　あまり

⑩ $37 \div 6 =$ 　あまり

⑪ $46 \div 8 =$ 　あまり

⑫ $69 \div 9 =$ 　あまり

⑬ $26 \div 6 =$ 　あまり

⑭ $37 \div 4 =$ 　あまり

⑮ $43 \div 5 =$ 　あまり

⑯ $19 \div 3 =$ 　あまり

⑰ $15 \div 2 =$ 　あまり

⑱ $22 \div 4 =$ 　あまり

月　日

46 あまりのあるわり算（6）

＊ 次(つぎ)の計算をしましょう。

① $23 \div 6 =$ 　あまり

② $13 \div 7 =$ 　あまり

③ $15 \div 9 =$ 　あまり

④ $20 \div 7 =$ 　あまり

⑤ $40 \div 6 =$ 　あまり

⑥ $30 \div 4 =$ 　あまり

⑦ $30 \div 7 =$ 　あまり

⑧ $20 \div 9 =$ 　あまり

⑨ $50 \div 6 =$ 　あまり

⑩ $20 \div 8 =$ 　あまり

⑪ $40 \div 7 =$ 　あまり

⑫ $51 \div 9 =$ 　あまり

⑬ $20 \div 3 =$ 　あまり

⑭ $50 \div 8 =$ 　あまり

⑮ $30 \div 9 =$ 　あまり

⑯ $52 \div 6 =$ 　あまり

⑰ $10 \div 3 =$ 　あまり

⑱ $70 \div 8 =$ 　あまり

47

月　日

あまりのあるわり算（7）

＊ 次(つぎ)の計算をしましょう。

① 30 ÷ 9 ＝　あまり

② 53 ÷ 6 ＝　あまり

③ 51 ÷ 9 ＝　あまり

④ 22 ÷ 8 ＝　あまり

⑤ 34 ÷ 7 ＝　あまり

⑥ 22 ÷ 9 ＝　あまり

⑦ 23 ÷ 8 ＝　あまり

⑧ 40 ÷ 7 ＝　あまり

⑨ 11 ÷ 4 ＝　あまり

⑩ 30 ÷ 8 ＝　あまり

⑪ 40 ÷ 9 ＝　あまり

⑫ 20 ÷ 7 ＝　あまり

⑬ 51 ÷ 8 ＝　あまり

⑭ 50 ÷ 7 ＝　あまり

⑮ 62 ÷ 7 ＝　あまり

⑯ 80 ÷ 9 ＝　あまり

⑰ 21 ÷ 6 ＝　あまり

⑱ 31 ÷ 4 ＝　あまり

月　日

48 あまりのあるわり算（8）

＊ 次(つぎ)の計算をしましょう。

① 51 ÷ 7 ＝ あまり
② 50 ÷ 9 ＝ あまり
③ 54 ÷ 8 ＝ あまり
④ 60 ÷ 9 ＝ あまり
⑤ 61 ÷ 8 ＝ あまり
⑥ 60 ÷ 7 ＝ あまり
⑦ 20 ÷ 8 ＝ あまり
⑧ 33 ÷ 7 ＝ あまり
⑨ 71 ÷ 8 ＝ あまり
⑩ 24 ÷ 9 ＝ あまり
⑪ 52 ÷ 6 ＝ あまり
⑫ 41 ÷ 9 ＝ あまり
⑬ 11 ÷ 7 ＝ あまり
⑭ 40 ÷ 7 ＝ あまり
⑮ 30 ÷ 9 ＝ あまり
⑯ 31 ÷ 8 ＝ あまり
⑰ 40 ÷ 6 ＝ あまり
⑱ 30 ÷ 4 ＝ あまり

49 かけ算（×２けた）（1）

	2	4	
×	1	2	
	4	8	㋐
2	4	0	㋑
2	8	8	㋒

24 × 12 のかけ算は

㋐　24 × 2 ＝ 48　をかきます。

㋑　24 × 10 ＝ 240　をかきます。

㋒　合計します。

＊　次(つぎ)の計算をしましょう。

①

	3	3
×	2	3

②

	2	1
×	3	4

③

	4	3
×	2	1

④

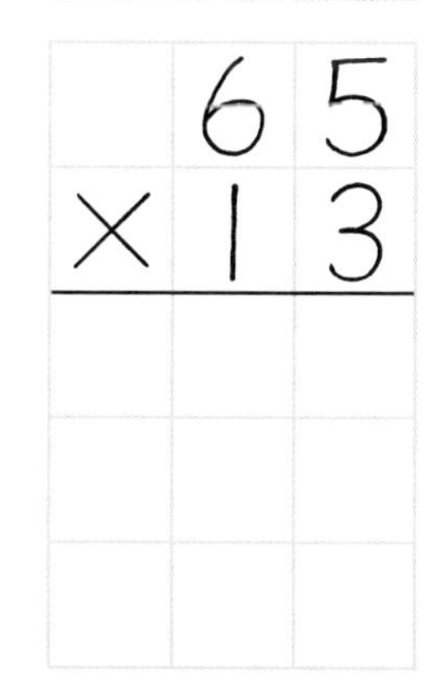

	6	5
×	1	3

50 かけ算（×２けた）（２）

＊ 次(つぎ)の計算をしましょう。

①

		7	3
	×	3	8

②

		8	2
	×	4	7

③

		4	3
	×	6	4

④

		6	4
	×	2	7

⑤

		6	3
	×	3	9

⑥

		5	4
	×	2	5

月　日

51 かけ算（×２けた）（3）

＊ 次(つぎ)の計算をしましょう。

① 46×38

② 69×47

③ 94×36

④ 48×54

⑤ 85×79

⑥ 65×93

52 かけ算（×２けた）（4）

		3	8
	×	4	0
			0
1	5	2	
1	5	2	0

はぶく

⇒

		3	8
	×	4	0
1	5	2	0

38 × 40 の計算は、右のようにはぶくことができます。

＊ 次（つぎ）の計算をしましょう。

①

		7	6
	×	8	0

②

		5	8
	×	7	0

③

		4	9
	×	6	0

④

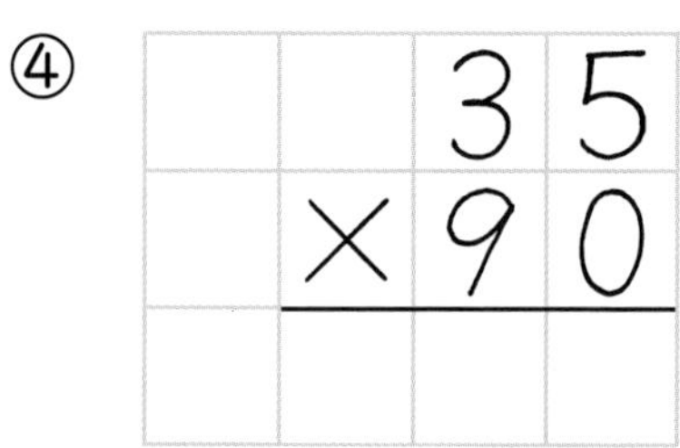

		3	5
	×	9	0

月　日

53 かけ算（×２けた）（5）

＊ 次(つぎ)の計算をしましょう。

①
$$\begin{array}{r} 314 \\ \times \quad 23 \\ \hline \end{array}$$

②
$$\begin{array}{r} 316 \\ \times \quad 13 \\ \hline \end{array}$$

③
$$\begin{array}{r} 207 \\ \times \quad 41 \\ \hline \end{array}$$

④
$$\begin{array}{r} 218 \\ \times \quad 34 \\ \hline \end{array}$$

⑤
$$\begin{array}{r} 285 \\ \times \quad 31 \\ \hline \end{array}$$

⑥
$$\begin{array}{r} 398 \\ \times \quad 21 \\ \hline \end{array}$$

54 かけ算（×２けた）（6）

＊ 次の計算をしましょう。

① 　433
×　 52

② 　372
×　 43

③ 　559
×　 28

④ 　745
×　 65

⑤ 　493
×　 87

⑥ 　923
×　 89

55 小　数 (1)

1Lますを10等分(とうぶん)した1めもり分は**0.1L**で、**れい点一リットル**と読みます。

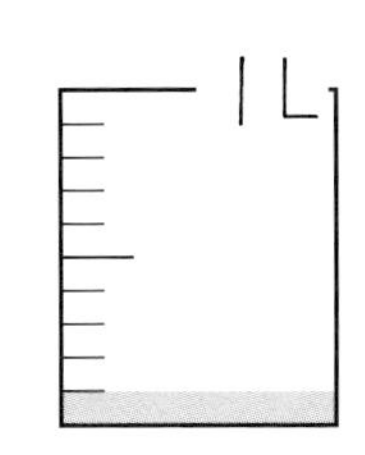

＊ 次(つぎ)のかさは何Lですか。

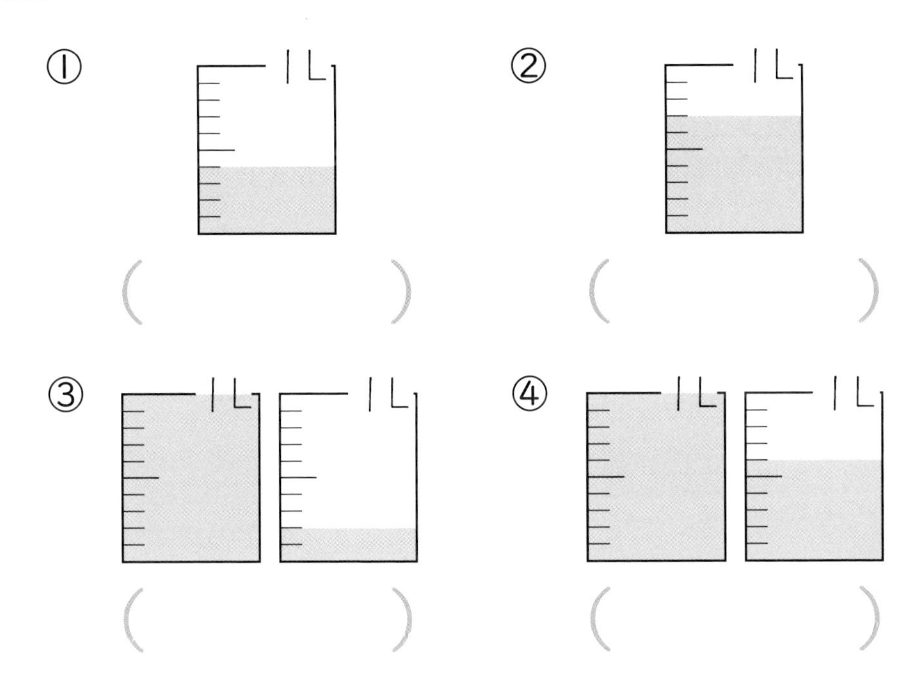

0.1、0.4、1.2などを **小数** といいます。数の間の「.」を **小数点** といいます。小数点の右のくらいを **小数第一位(だいいちい)** や **$\frac{1}{10}$のくらい** といいます。

また、0、1、2などを **整数(せいすう)** といいます。

月　日

56 小　数（2）

1 次(つぎ)の長さを cm で表(あらわ)しましょう。

① 5mm（　　　）　② 8mm（　　　）

③ 16mm（　　　）　④ 23mm（　　　）

2 ア～エの表す数をかきましょう。

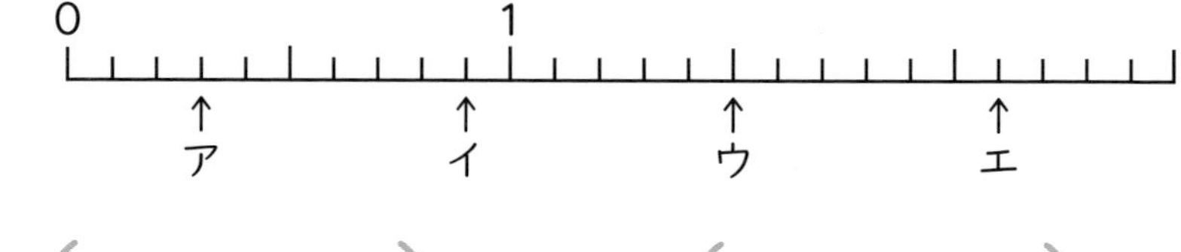

ア（　　　）　イ（　　　）

ウ（　　　）　エ（　　　）

3 □にあてはまる数をかきましょう。

① 3.5は□と0.5をあわせたものです。

② 2.9は 2と□をあわせたものです。

③ 4.7は 0.1を□こ集(あつ)めたものです。

④ 0.1を 31こ集めたものは□です。

月　日

57 小　数（3）

＊ 次の計算をしましょう。

①
$$\begin{array}{r} 0.4 \\ +\ 0.3 \\ \hline \end{array}$$

②
$$\begin{array}{r} 1.4 \\ +\ 0.5 \\ \hline \end{array}$$

③
$$\begin{array}{r} 0.3 \\ +\ 0.7 \\ \hline \end{array}$$

④
$$\begin{array}{r} 0.6 \\ +\ 0.4 \\ \hline \end{array}$$

⑤
$$\begin{array}{r} 0.6 \\ +\ 3 \\ \hline \end{array}$$

⑥
$$\begin{array}{r} 4 \\ +\ 0.5 \\ \hline \end{array}$$

⑦
$$\begin{array}{r} 0.7 \\ +\ 0.8 \\ \hline \end{array}$$

⑧
$$\begin{array}{r} 0.9 \\ +\ 0.5 \\ \hline \end{array}$$

小　数（4）

月　　日

＊ 次(つぎ)の計算をしましょう。

①
$$\begin{array}{r} 0.8 \\ -\ 0.3 \\ \hline \end{array}$$

②
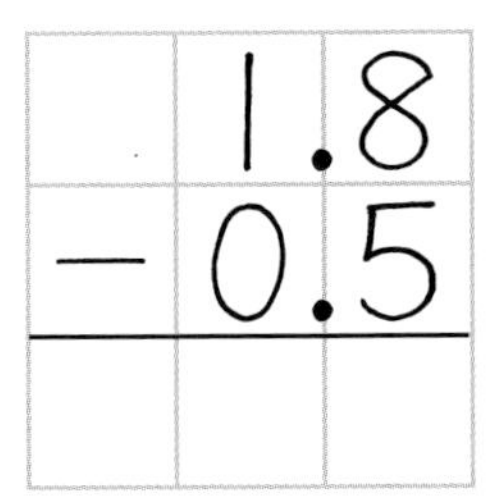
$$\begin{array}{r} 1.8 \\ -\ 0.5 \\ \hline \end{array}$$

③
$$\begin{array}{r} 1 \\ -\ 0.7 \\ \hline \end{array}$$

④
$$\begin{array}{r} 1 \\ -\ 0.4 \\ \hline \end{array}$$

⑤
$$\begin{array}{r} 2.6 \\ -\ 2 \\ \hline \end{array}$$

⑥
$$\begin{array}{r} 4.5 \\ -\ 3 \\ \hline \end{array}$$

⑦
$$\begin{array}{r} 1.7 \\ -\ 0.8 \\ \hline \end{array}$$

⑧
$$\begin{array}{r} 2.1 \\ -\ 0.5 \\ \hline \end{array}$$

59 分　数（1）

１mのテープを３等分(とうぶん)した１つ分を$\frac{1}{3}$mと表(あらわ)し、**三分の一メートル**と読みます。

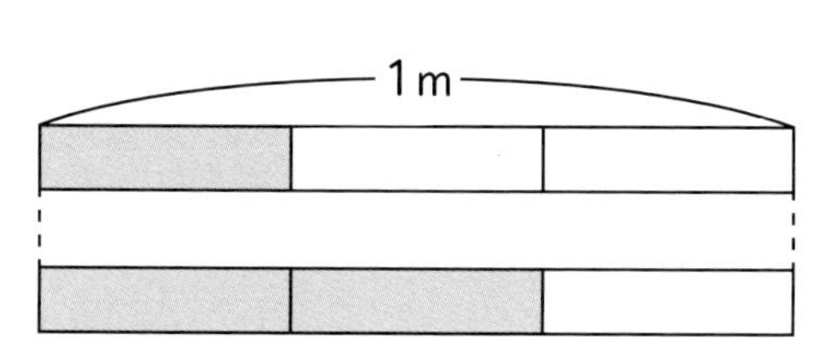

１mのテープを３等分した２こ分を$\frac{2}{3}$mと表します。

＊ 次(つぎ)の長さを分数で表しましょう。

1m

①（　　　）

②（　　　）

③（　　　）

④（　　　）

⑤（　　　）

⑥（　　　）

60 分　数 (2)

$\frac{1}{3}$や$\frac{2}{5}$のような数を **分数** といいます。3や5を **分母**、1や2を **分子** といいます。

＊ 次(つぎ)のかさを分数で表(あらわ)しましょう。

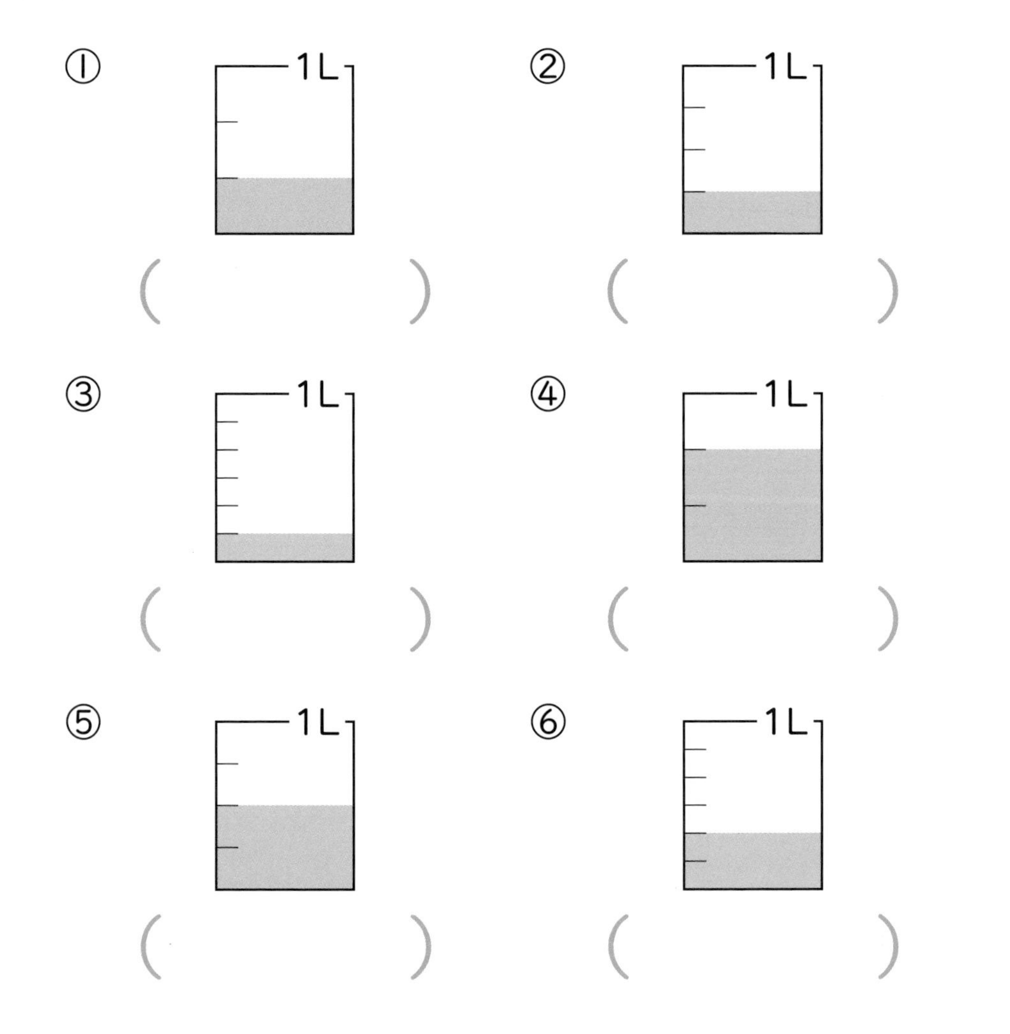

月　日

61 分数(3)

$\frac{1}{5}$の5こ分は、$\frac{5}{5}=1$になります。$\frac{1}{5}$の6こ分は、$\frac{6}{5}$になります。

1 ア～オを小数で、カ～コを分母が10の分数で表(あらわ)しましょう。

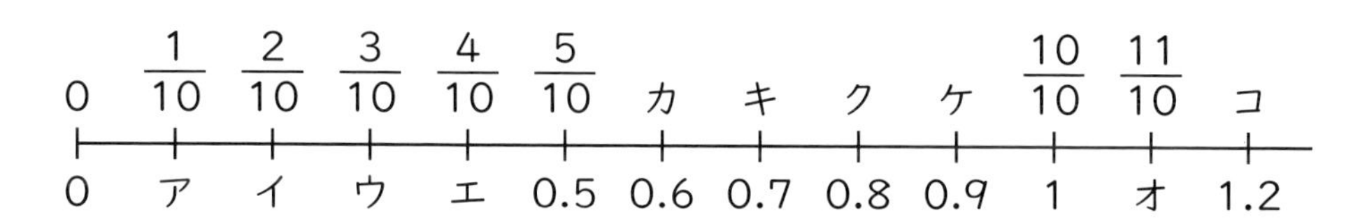

ア（　　）　イ（　　）　ウ（　　）

エ（　　）　オ（　　）

カ（　　）　キ（　　）　ク（　　）

ケ（　　）　コ（　　）

2 □にあてはまる>、<の記号(きごう)をかきましょう。

① $\frac{3}{10}$ □ 0.4　　② $\frac{1}{10}$ □ 0

③ $\frac{8}{10}$ □ 0.6　　④ $\frac{2}{10}$ □ 0.3

月　日

62 分　数 (4)

＊ 次(つぎ)の計算をしましょう。

① $\frac{2}{4}+\frac{1}{4}=$

② $\frac{3}{8}+\frac{4}{8}=$

③ $\frac{3}{7}+\frac{4}{7}=$

④ $\frac{3}{5}+\frac{2}{5}=$

⑤ $\frac{4}{5}-\frac{1}{5}=$

⑥ $\frac{6}{8}-\frac{5}{8}=$

⑦ $1-\frac{3}{4}=$

⑧ $1-\frac{7}{9}=$

月　日

63 長さ(1)

1 柱(はしら)を１まわりさせると図のようになりました。まわりの長さはいくらですか。

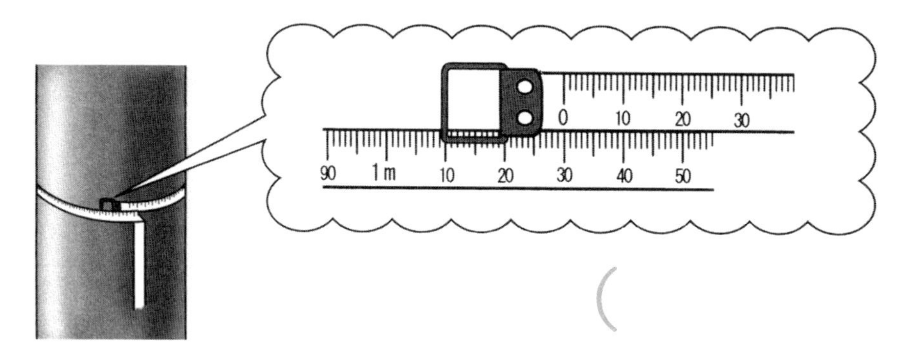

(　　　　　　)

2 ↓のところの長さをかきましょう。

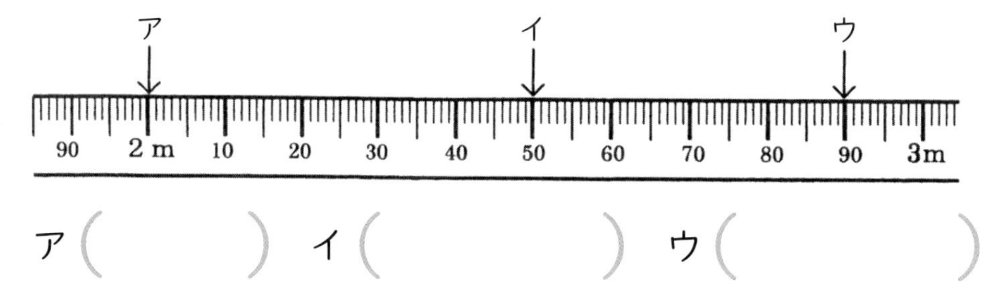

ア(　　　　)　イ(　　　　)　ウ(　　　　)

3 まきじゃくを使(つか)うとよいものに○をつけましょう。

① (　　) ノートのあつさ

② (　　) バケツのまわりの長さ

③ (　　) ろうかの長さ

月　日

64 長さ（2）

道にそってはかった長さを **道のり**、地図などで２つの点をまっすぐにはかった長さを **きょり** といいます。

＊ 学校からの公園までの道のりやきょりは何ｍですか。

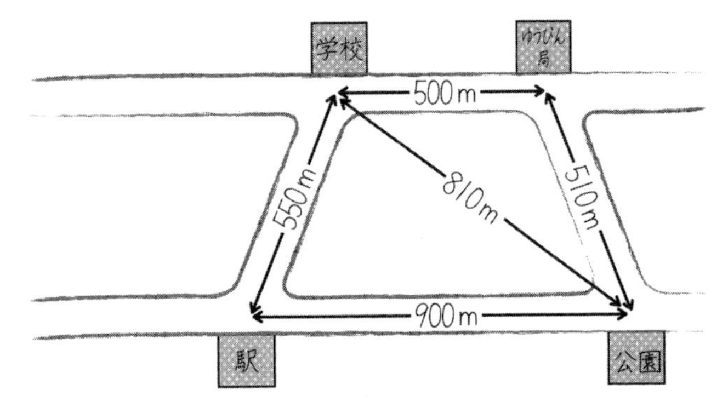

① ゆうびん局（きょく）を通る道の道のり

式（しき）

答え

② 駅（えき）を通る道の道のり

式

答え

③ きょり

答え

65 長　さ (3)

1000m を **1km** と表(あらわ)し、**一キロメートル**と読みます。

1000m ＝ 1km

1 km の練習(れんしゅう)をしましょう。

km　km　km　km

2 次(つぎ)の長さは何 km 何 m ですか。

① 1250m　（　　　　）

② 2010m　（　　　　）

③ 3280m　（　　　　）

④ 4001m　（　　　　）

3 次の長さは何 m ですか。

① 1km400m　（　　　　）

② 2km23m　（　　　　）

③ 3km 3m　（　　　　）

④ 4km207m　（　　　　）

月　日

長　さ (4)

＊ 次(つぎ)の計算をしましょう。

① 4km＋2km＝□ km

② 7km＋8km＝□ km

③ 6km－3km＝□ km

④ 10km－2km＝□ km

⑤ 3km400m＋2km300m＝□ km □ m

⑥ 5km200m＋4km600m＝□ km □ m

⑦ 4km700m－3km200m＝□ km □ m

⑧ 8km600m－2km400m＝□ km □ m

67 重　さ（1）

重（おも）さのたんいにｇ（グラム）があります。１円玉は１こが１ｇになるように作られています。

1 ｇの練習（れんしゅう）をしましょう。

2 はかりは、何ｇを指（さ）していますか。

①

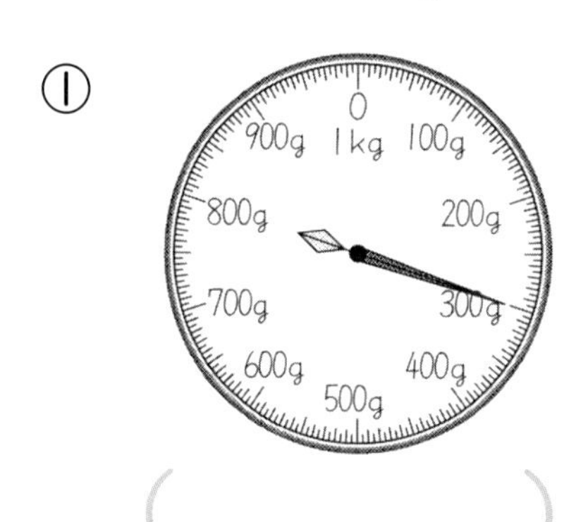

（　　　　　）

②

（　　　　　）

③

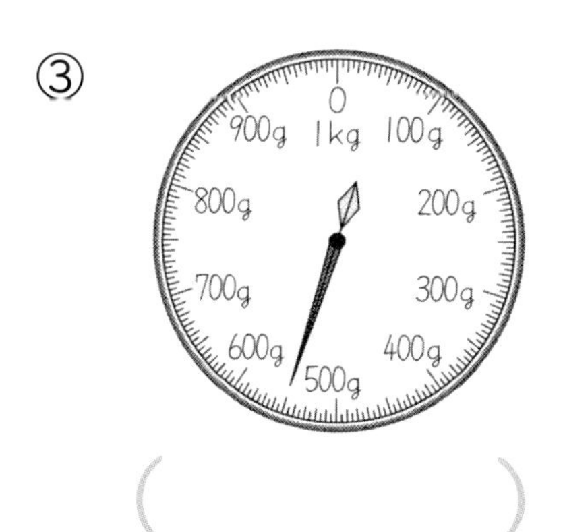

（　　　　　）

④

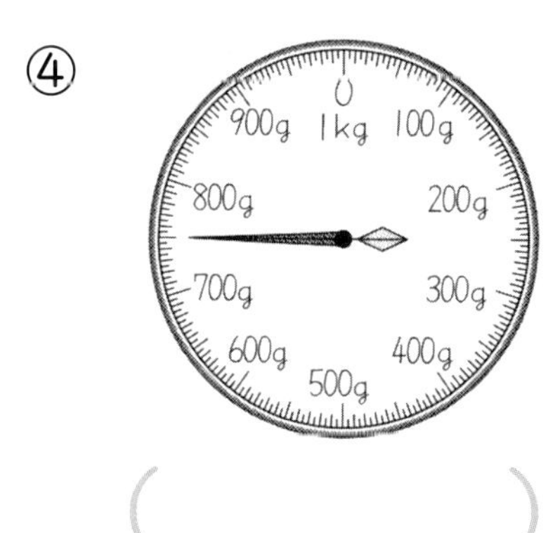

（　　　　　）

月　日

68 重　さ (2)

1000gを1kgと表し、一キログラムと読みます。

1000g＝1kg

1 kgの練習をしましょう。

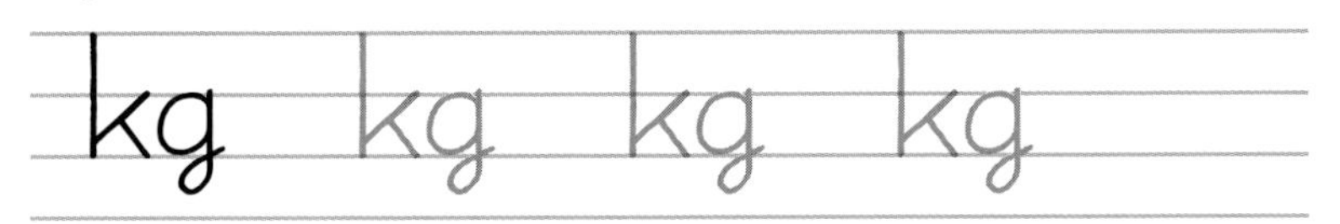

2 はかりは、何kgを指していますか。

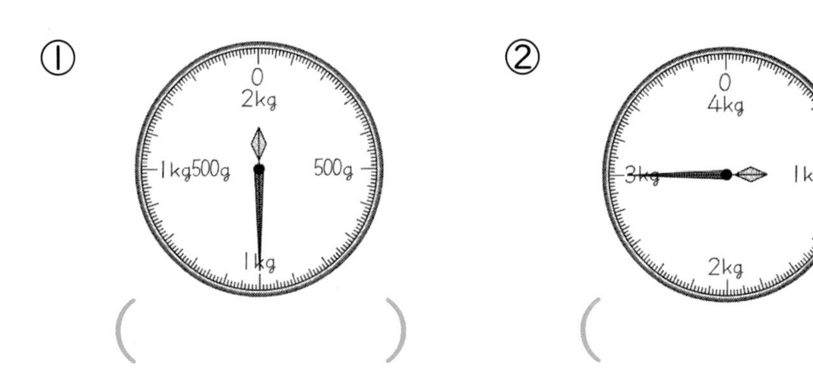

①（　　　）　②（　　　）

3 はかりは、何kg何gを指していますか。

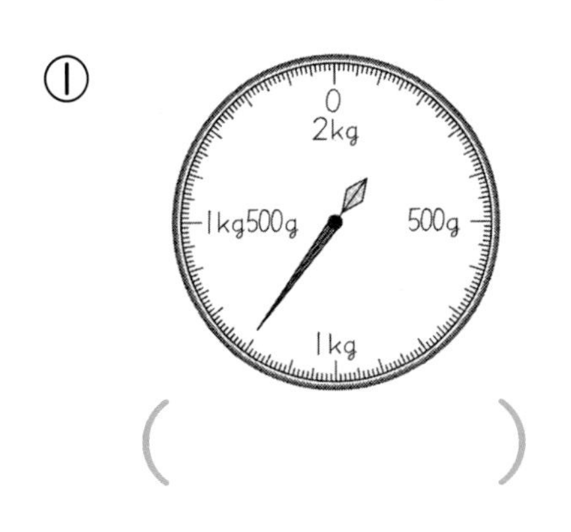

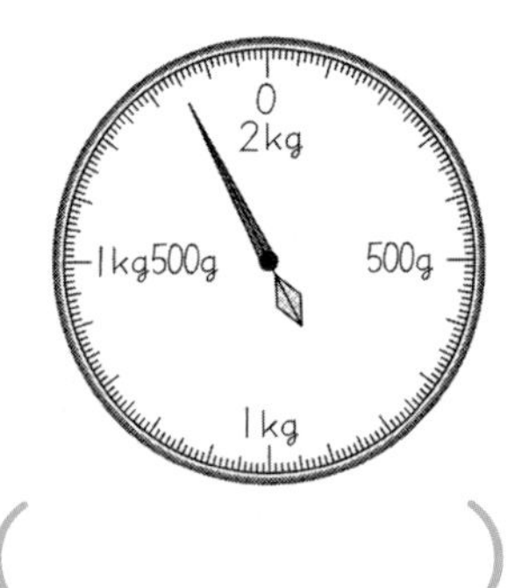

①（　　　）　②（　　　）

69 重　さ (3)

1 □にあてはまる数をかきましょう。

① 1kg700g ＝ □ g

② 3kg60g ＝ □ g

③ 1200g ＝ □ kg □ g

④ 2030g ＝ □ kg □ g

2 次(つぎ)の計算をしましょう。

① 230g ＋ 350g ＝ □ g

② 1kg400g ＋ 2kg300g ＝ □ kg □ g

③ 780g － 420g ＝ □ g

④ 2kg700g － 1kg350g ＝ □ kg □ g

70 重　さ（4）

大きい重さのたんいに **t（トン）** があります。
1000kg＝1tです。

1 tの練習をしましょう。

2 □にあてはまる数をかきましょう。

① 3000kg＝□t　② 7000kg＝□t

③ 4t＝□kg　④ 6t＝□kg

3 重さのたんいをかきましょう。

① たまごの重さ　60（　　　）

② ねこの重さ　3（　　　）

③ インドゾウの重さ　5（　　　）

71 円と球（1）

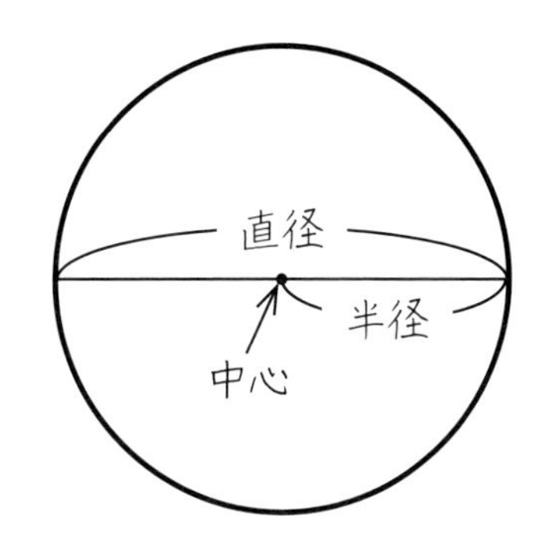

｜つの点から長さが同じになるようにかいた形を、**円** といいます。

真ん中の点を**中心**、中心から円のまわりまで引いた直線を **半径** といいます。｜つの円では、半径は同じ長さです。

円のまわりの点から中心を通り、円のまわりの点までの直線を **直径** といいます。直径＝半径×２になります。

1 図の直線のうち長いのはどれですか。
またそれはどの点を通っていますか。

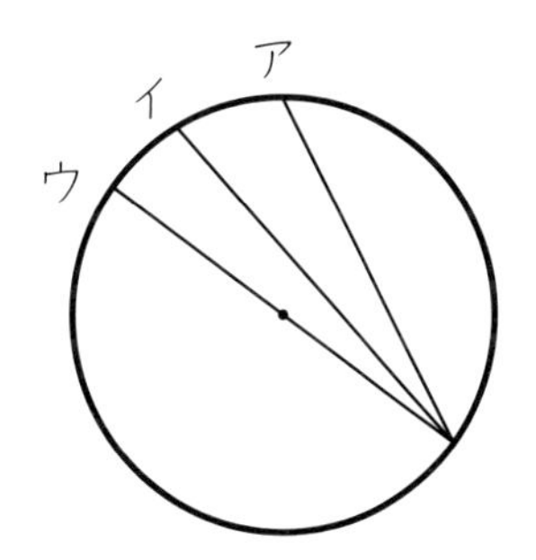

答え ＿＿＿＿＿＿＿＿＿＿

2 半径２cm の円をかきましょう。

・

72 円と球（2）

1 図のように半径（はんけい）5cmの円が4つならんでいます。

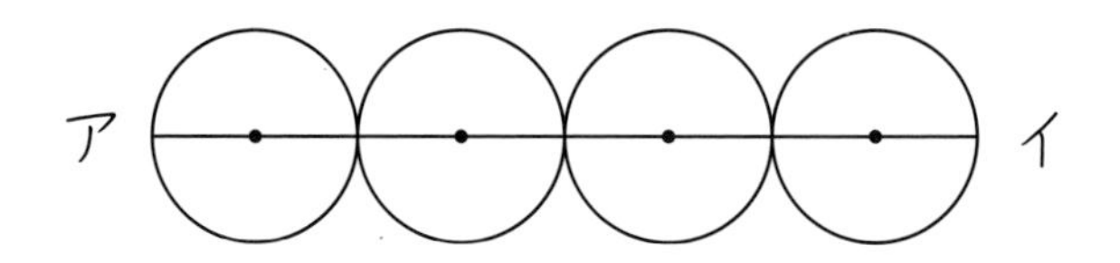

① 1つの円の直径は何cmですか。

式（しき）

答え

② 直線アイの長さは何cmですか。

式

答え

2 大きい円の直径は21cmです。小さい円の直径は何cmですか。

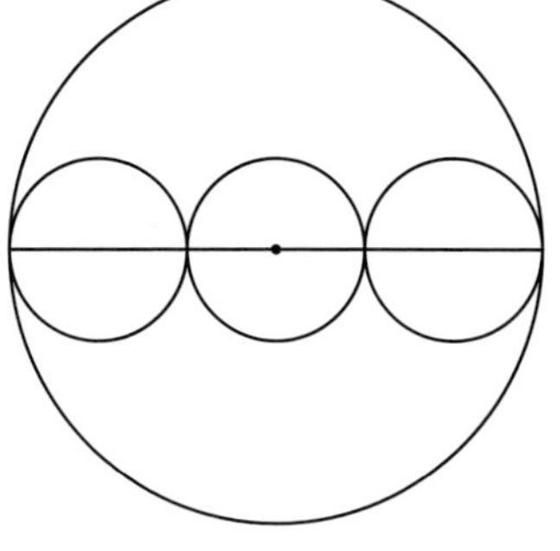

式

答え

月　　日

73 円と球 (3)

1 次(つぎ)の□にあてはまる言葉(ことば)をかきましょう。

① バレーボールのように、どこから見ても円に見える形を □ といいます。

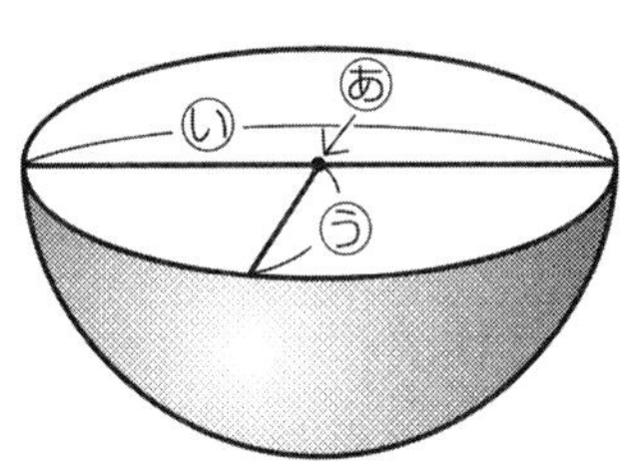

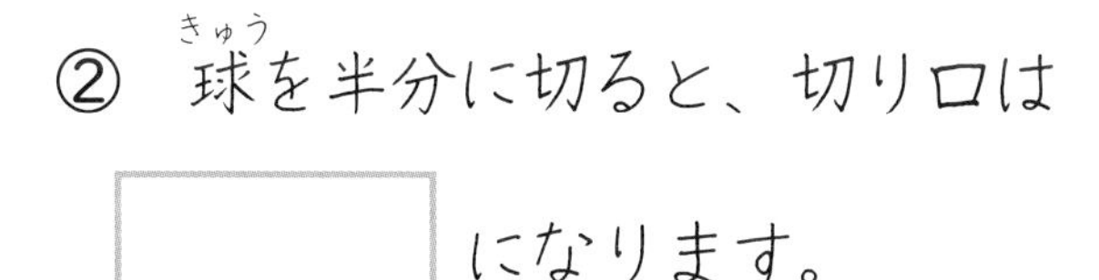

② 球(きゅう)を半分に切ると、切り口は □ になります。

③ 切り口の円の中心あを球の □ 、いを球の □ 、うを球の □ といいます。

2 球の形を見つけ、番号(ばんごう)で答えましょう。

①

②

③
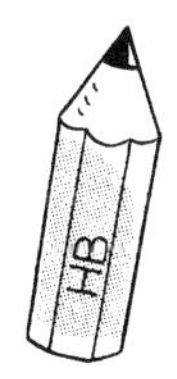

④

⑤

⑥

答え ______________________

月　日

74 円と球 (4)

1 半径(はんけい) 3cm のボールが箱(はこ)の中にきちんと入っています。

① 箱のたての長さは、何 cm ですか。

式

答え

② 箱の横(よこ)の長さは、何 cm ですか。

式

答え

2 同じ大きさのボールが箱の中にきちんと入っています。

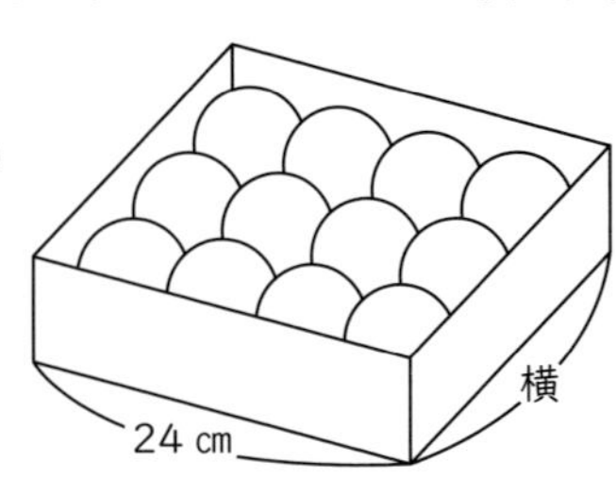

① ボールの半径は、何 cm ですか。

式

答え

② 箱の横の長さは、何 cm ですか。

式

答え

75 三角形（1）

2つの辺の長さが等しい三角形を **二等辺三角形** といいます。

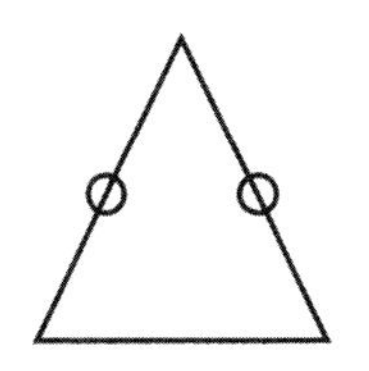

3つの辺の長さがみんな同じ三角形を **正三角形** といいます。

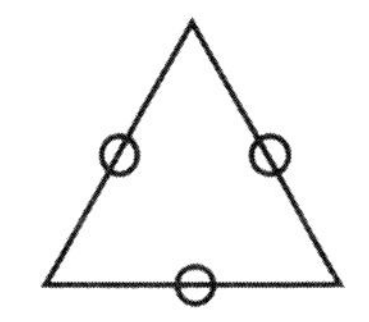

＊ 次の三角形のなかまわけをしましょう。

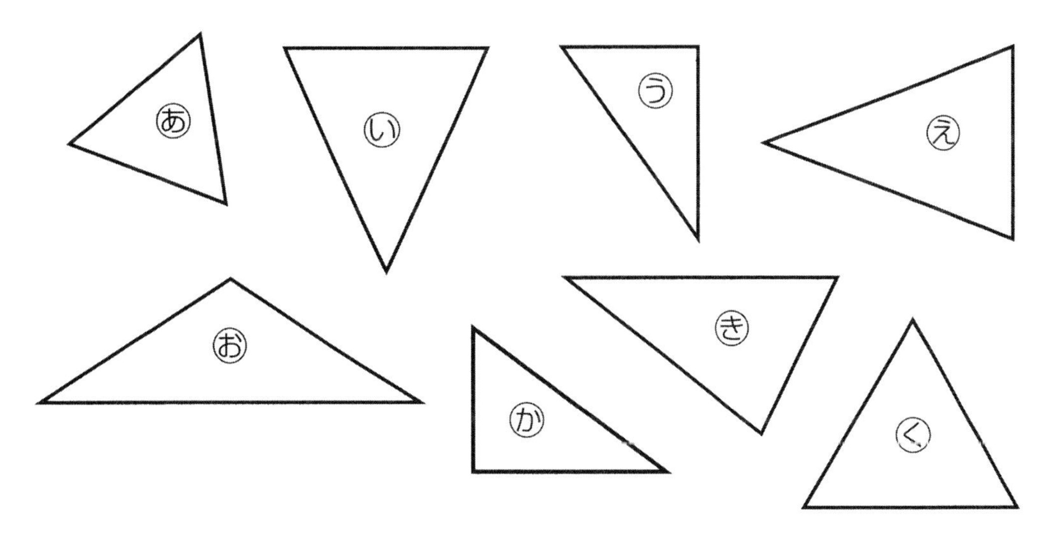

正三角形（　　　　）　二等辺三角形（　　　　）

直角三角形（　　　　）　その他の三角形（　　　　）

76 三角形（2）

3辺が4cm、4cm、3cmの二等辺三角形のかき方

①

3cmの辺をひく。

②

コンパスで4cmのところにしるしをつける。

③

辺の反対からも4cmの線が交わるようにしるしをつける。

④

点をむすぶ

＊ 次の二等辺三角形をかきましょう。

① 5cm、5cm、4cm　② 4cm、4cm、5cm

三角形（3）

１辺が4cmの正三角形のかき方

①

4cmの辺をひく。

②

コンパスで4cmのところにしるしをつける。

③

辺の反対からも4cmの線が交わるようにしるしをつける。

④

点をむすぶ

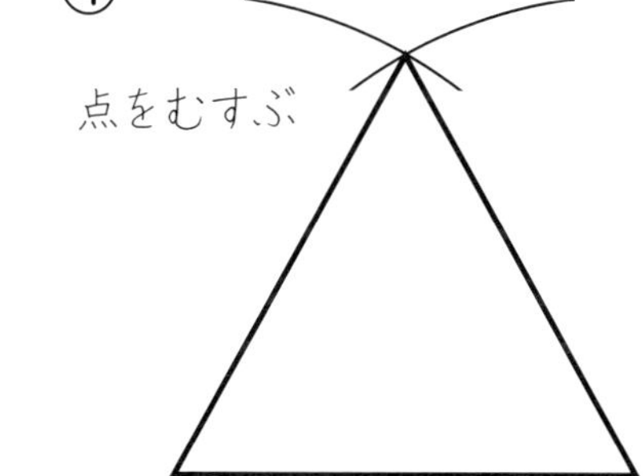

＊　次の正三角形をかきましょう。

①　１辺が5cm

②　１辺が4cm

月　日

三角形（4）

１つの点を通る２本の直線が作る形を **角** といいます。

角を作る直線を **辺**（へん）といい、１つの点を **ちょう点** といいます。

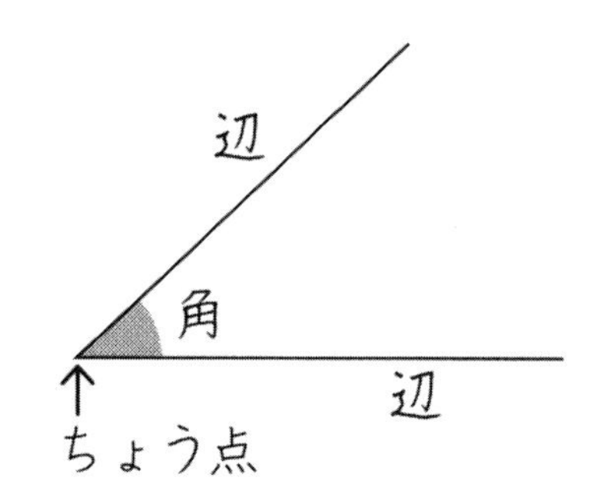

1 二等辺三角形（にとうへんさんかくけい）を切りとり、角が重（かさ）なるようにおると、どんなことがわかりますか。

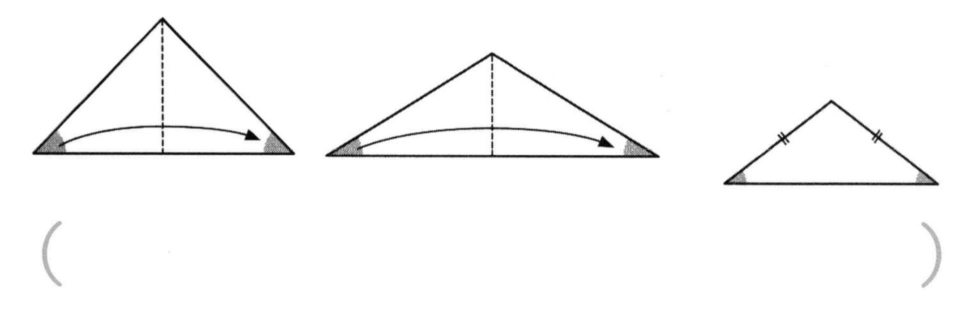

（　　　　　　　　　　　　　　　　　　　　　　）

2 正三角形を切りとり、角が重なるようにおると、どんなことがわかりますか。

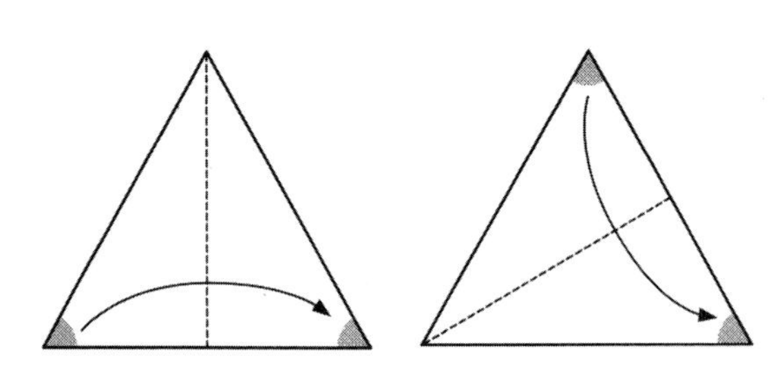

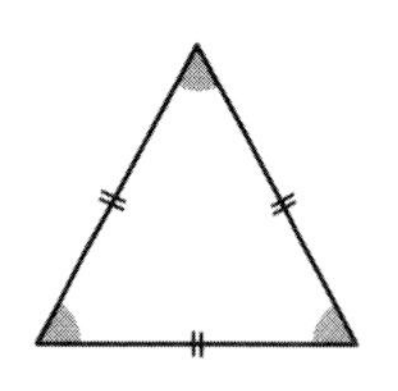

（　　　　　　　　　　　　　　　　　　　　　　）

79 表とグラフ (1)

＊ 学校前の道路を通る乗り物を、30分間調べました。

① 台数をかきましょう。

しゅるい	台数（正の字）	台数（台）
乗用車	正正正	
トラック	正丅	
オートバイ	正𠀌	
バス	下	
パトロールカー	一	
消ぼう車	一	

② 乗り物の数を多いじゅんにまとめました。

しゅるい	台数（台）
乗用車	
オートバイ	
トラック	
バス	
その他	

③ ②の表のその他には何が入りますか。

(　　　　　　　　　　　　　　　　)

80 表とグラフ（2）

＊ 前ページで調(しら)べた乗(の)り物(もの)調べを、下のぼうグラフに表(あらわ)しましょう。

乗り物調べ

しゅるい	台数
乗用車(じょうようしゃ)	15
オートバイ	9
トラック	7
バス	3
その他(た)	2

① 多いじゅんに、乗り物のしゅるいをかく。

② その他はさいごにかく。

③ それぞれのぼうグラフをかく。

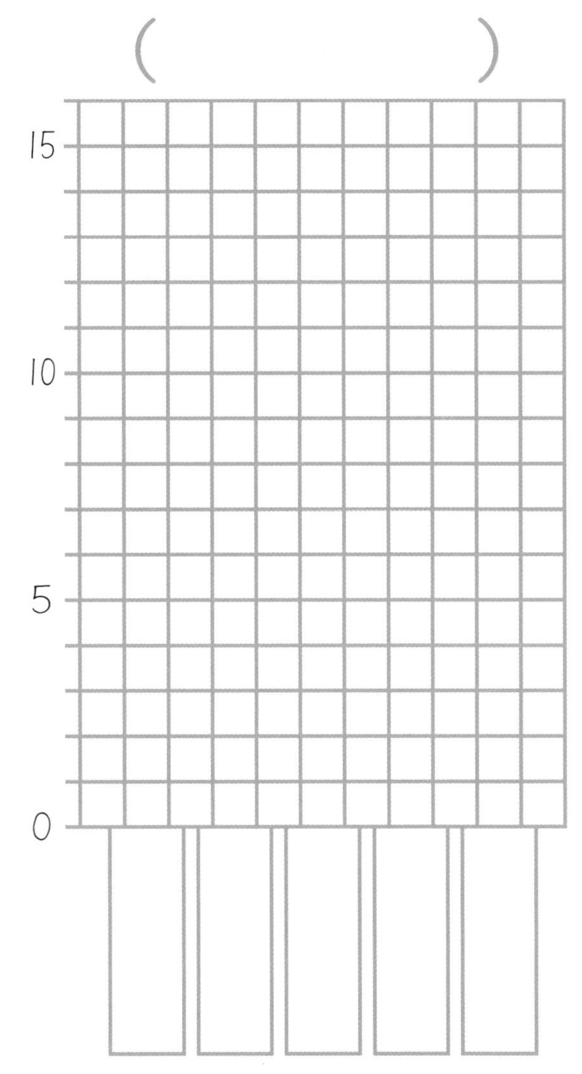

81 表とグラフ（3）

＊ すきなきゅう食調べをして、ぼうグラフに表しました。

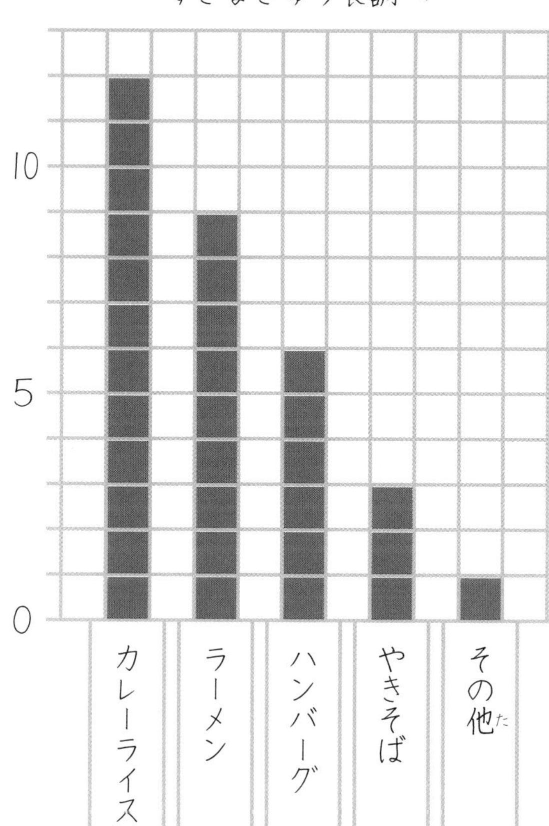

① いちばん人気のあったものは何で、何人ですか。

（　　　　　　）

（　　　　　人）

② ラーメンをえらんだ人は、やきそばをえらんだ人の何倍ですか。

（　　　　　　）

③ このクラスは全員で何人ですか。

（　　　　　　）

82 表とグラフ（4）

＊ 表(ひょう)は、9月、10月、11月にけがをした人数を、けがのしゅるいごとにまとめたものです。

けが調(しら)べ（9月）

しゅるい	数
すりきず	7
切りきず	3
打ぼく	5
その他(た)	6
合計	21

けが調べ（10月）

しゅるい	数
すりきず	9
切りきず	5
打ぼく	6
その他	3
合計	23

けが調べ（11月）

しゅるい	数
すりきず	6
切りきず	6
打ぼく	4
その他	3
合計	19

① それぞれの月の人数を表にかきましょう。

	9月	10月	11月	合計
すりきず	7	9	6	
切りきず				
打ぼく				㋐
その他				
合計		㋑		㋒

② ㋐、㋑、㋒に入る数はそれぞれ何を表(あらわ)していますか。

㋐（　　　　）

㋑（　　　　）

㋒（　　　　）

月　　日

□を使った式（1）

1　サクランボが23こありました。お母さんから何こかもらったので、全部で30こになりました。

①　もらった数を□として、式をかきましょう。

式

②　もらった数をもとめましょう。

式

答え

2　サクランボが31こあります。お父さんから何こかもらったので、全部で50こになりました。もらった数を□で表し、答えをもとめましょう。

式

答え

月　　日

84 □を使った式（2）

1 球根(きゅうこん)が30こあります。花だんに植(う)えたのでのこりが6こになりました。

① 植えた球根の数を□として、式(しき)をかきましょう。

式

② 植えた球根の数をもとめましょう。

式

答え

2 りんごが35こあります。何こか近所(きんじょ)にあげたので、のこりは17こになりました。近所にあげた数を□で表(あらわ)し、答えをもとめましょう。

式

答え

月　日

85 □を使った式（3）

1 いちごを５こずつ配(くば)ることにしました。いちごは全部(ぜんぶ)で30こあります。

① もらう人を□人として、式(しき)をかきましょう。

式

② もらう人の人数をもとめましょう。

式

答え

2 ８人で同じ数ずつつるをおったら、つるは全部で32わになりました。おる数を□で表(あらわ)し、答えをもとめましょう。

式

答え

月　日

□を使った式（4）

1　クッキーが24まいあります。何人かで同じ数ずつ分けると、1人分は4まいになりました。

①　分ける人数を□として、式(しき)をかきましょう。

式

②　分ける人数を、もとめましょう。

式

答え

2　みかんが42こあります。何こかずつふくろにつめると、7ふくろできました。□こずつふくろにつめるとして表(あらわ)し、答えをもとめましょう。

式

答え

1
① 2 × 0 = 0　　0点
② 0 × 2 = 0　　0点
③ 3 + 0 + 2 + 0 = 5　　5点

2
1 ① 0　② 0
③ 0　④ 0
⑤ 0　⑥ 0
⑦ 0　⑧ 0
2 ① 0　② 0
③ 0　④ 0
⑤ 0　⑥ 0
⑦ 0　⑧ 0

3
① 3
② 8
③ 6
④ 5
⑤ 6
⑥ 8
⑦ 7
⑧ 5

4
① 3
② 8
③ 4
④ 8
⑤ 7
⑥ 4
⑦ 8
⑧ 6

5
①
$$\begin{array}{r} 146 \\ +\,423 \\ \hline 569 \end{array}$$
②
$$\begin{array}{r} 245 \\ +\,751 \\ \hline 996 \end{array}$$
③
$$\begin{array}{r} 643 \\ +\,231 \\ \hline 874 \end{array}$$
④
$$\begin{array}{r} 247 \\ +\,451 \\ \hline 698 \end{array}$$
⑤
$$\begin{array}{r} 305 \\ +\,521 \\ \hline 826 \end{array}$$
⑥
$$\begin{array}{r} 234 \\ +\,340 \\ \hline 574 \end{array}$$
⑦
$$\begin{array}{r} 551 \\ +\,423 \\ \hline 974 \end{array}$$
⑧
$$\begin{array}{r} 311 \\ +\,483 \\ \hline 794 \end{array}$$

6
① 783　② 673
③ 853　④ 982
⑤ 725　⑥ 817
⑦ 867　⑧ 406

7
① 921　② 852
③ 672　④ 945
⑤ 621　⑥ 860
⑦ 610　⑧ 910

8
① 604　② 805
③ 803　④ 803
⑤ 702　⑥ 800
⑦ 600　⑧ 900

9
①
	5	6	7
−	4	2	3
	1	4	4

②
	9	9	6
−	7	5	1
	2	4	5

③
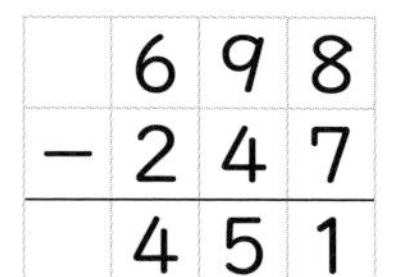

	6	9	8
−	2	4	7
	4	5	1

④
	8	5	6
−	3	0	4
	5	5	2

⑤
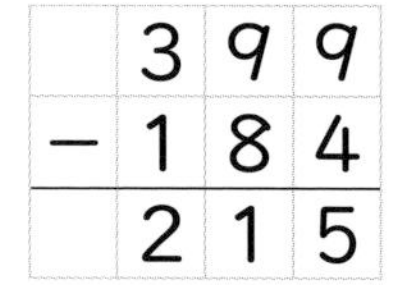

	3	9	9
−	1	8	4
	2	1	5

⑥
	4	8	7
−	1	4	2
	3	4	5

⑦
	7	4	9
−	6	2	4
	1	2	5

⑧
	8	3	6
−	5	2	1
	3	1	5

10
① 235　② 446
③ 438　④ 217
⑤ 471　⑥ 245
⑦ 364　⑧ 161

11
① 452　② 274
③ 356　④ 265
⑤ 276　⑥ 485
⑦ 262　⑧ 253

12
① 258　② 369
③ 286　④ 374
⑤ 335　⑥ 322
⑦ 524　⑧ 213

13
① 9475　② 5973
③ 4652　④ 5781
⑤ 8380　⑥ 5692
⑦ 8401　⑧ 8001

14
① 2132　② 2313
③ 1116　④ 2316
⑤ 1826　⑥ 2856
⑦ 1798　⑧ 1789

15
1　8時40分＋30分
＝9時10分
午前9時10分

2　10時30分－45分
＝9時45分
午前9時45分

3　11時10分－35分
＝10時35分
午前10時35分

16
1　11時20分－10時30分
＝50分　50分間

2　10時3分－9時20分
＝43分　43分間

3　午後1時15分＝13時15分
13時15分－11時10分
＝2時5分　2時間5分

17 1 ① 10秒
② 35秒
2 ① 60秒 ② 120秒
③ 180秒 ④ 240秒
⑤ 100秒
⑥ 195秒

18 1 ① 1、30
② 2、10
③ 3、20
④ 4、10
⑤ 5、0
2 46 − 34 = 12 12秒

19

①

	2	1
×		4
	8	4

②

	3	3
×		2
	6	6

③

	4	2
×		2
	8	4

④

	2	3
×		3
	6	9

⑤

	3	0
×		2
	6	0

⑥

	4	0
×		2
	8	0

20 ① 156 ② 168
③ 186 ④ 146
⑤ 249 ⑥ 129

21 ① 78 ② 58
③ 75 ④ 96
⑤ 104 ⑥ 105

22 ① 188 ② 324
③ 195 ④ 528
⑤ 531 ⑥ 408

23 ① 488 ② 966
③ 1028 ④ 2848
⑤ 2469 ⑥ 1888

24 ① 2595 ② 3672
③ 1690 ④ 2980
⑤ 2358 ⑥ 6881
⑦ 2442 ⑧ 2800

25 ① 8 ② 4
③ 2 ④ 5
⑤ 2 ⑥ 6
⑦ 5 ⑧ 4
⑨ 5 ⑩ 8
⑪ 7 ⑫ 4
⑬ 6 ⑭ 7
⑮ 3 ⑯ 7
⑰ 6 ⑱ 8

26 ① 7 ② 8
③ 7 ④ 7
⑤ 3 ⑥ 3
⑦ 6 ⑧ 5
⑨ 4 ⑩ 6
⑪ 6 ⑫ 5
⑬ 9 ⑭ 8
⑮ 4 ⑯ 8
⑰ 8 ⑱ 9

27 6 ÷ 3 = 2 2こ

28 1　24 ÷ 6 = 4　　4まい
2　15 ÷ 5 = 3　　3まい
3　30 ÷ 6 = 5　　5こ

29 10 ÷ 2 = 5　　5人

30 1　64 ÷ 8 = 8　　8本
2　40 ÷ 5 = 8　　8たば
3　32 ÷ 4 = 8　　8グループ

31 1　3 ÷ 3 = 1　　1こ
2　0 ÷ 3 = 0　　0こ
3　① 1　② 1
③ 1　④ 0
⑤ 0　⑥ 0
⑦ 3　⑧ 5

32 ① 8　② 4
③ 2　④ 5
⑤ 3　⑥ 3
⑦ 7　⑧ 9
⑨ 8　⑩ 5
⑪ 6　⑫ 4
⑬ 6　⑭ 3
⑮ 5　⑯ 4
⑰ 8　⑱ 7

33 ① 5　② 2
③ 6　④ 7
⑤ 3　⑥ 8
⑦ 7　⑧ 9
⑨ 7　⑩ 9
⑪ 6　⑫ 5
⑬ 2　⑭ 8
⑮ 6　⑯ 4
⑰ 3　⑱ 4

34 ① 4　② 2
③ 3　④ 9
⑤ 8　⑥ 8
⑦ 7　⑧ 3
⑨ 6　⑩ 3
⑪ 7　⑫ 6
⑬ 4　⑭ 5
⑮ 9　⑯ 9
⑰ 9　⑱ 7

35 ① 12121
② 10211
③ 31232
④ 12323

36 1　① 千四百六万四千 人
② 八百八十四万二千 人
2　① 38256739
② 20630821
③ 80005643
④ 70136099

37 ① 2、4、6
② 3、4、6、1
③ 54320
④ 67980000
⑤ 48000
⑥ 7120000
⑦ 65
⑧ 43

38 1　ア　6万　イ　13万
ウ　21万　エ　27万
2　① >
② <
③ =

39 1　120円

2　① 260　② 480
③ 3500　④ 9600
⑤ 365000　⑥ 402000

40 1　12円

2　① 45　② 860
③ 32　④ 550
⑤ 87　⑥ 120

41 8÷3＝2あまり2
1人分は2こで、あまり2こ

42 1　① ○
② 3あまり2
③ 9あまり1
④ ○
⑤ 7あまり1
⑥ ○

2　① 45÷6＝7あまり3
たしかめ　6×7＋3＝45
② 66÷8＝8あまり2
たしかめ　8×8＋2＝66

43
① 9あまり2　② 6あまり1
③ 7あまり3　④ 9あまり2
⑤ 3あまり2　⑥ 9あまり1
⑦ 3あまり4　⑧ 8あまり1
⑨ 9あまり4　⑩ 2あまり1
⑪ 6あまり3　⑫ 6あまり6
⑬ 8あまり2　⑭ 8あまり1
⑮ 6あまり2　⑯ 9あまり5
⑰ 9あまり2　⑱ 8あまり1

44
① 7あまり3　② 3あまり6
③ 7あまり2　④ 8あまり2
⑤ 7あまり1　⑥ 6あまり1
⑦ 6あまり1　⑧ 8あまり3
⑨ 5あまり3　⑩ 7あまり4
⑪ 9あまり2　⑫ 5あまり1
⑬ 9あまり1　⑭ 5あまり1
⑮ 5あまり1　⑯ 5あまり1
⑰ 4あまり3　⑱ 4あまり2

45
① 5あまり2　② 2あまり1
③ 2あまり4　④ 8あまり2
⑤ 3あまり4　⑥ 6あまり2
⑦ 9あまり6　⑧ 7あまり1
⑨ 9あまり2　⑩ 6あまり1
⑪ 5あまり6　⑫ 7あまり6
⑬ 4あまり2　⑭ 9あまり1
⑮ 8あまり3　⑯ 6あまり1
⑰ 7あまり1　⑱ 5あまり2

46
① 3あまり5　② 1あまり6
③ 1あまり6　④ 2あまり6
⑤ 6あまり4　⑥ 7あまり2
⑦ 4あまり2　⑧ 2あまり2
⑨ 8あまり2　⑩ 2あまり4
⑪ 5あまり5　⑫ 5あまり6
⑬ 6あまり2　⑭ 6あまり2
⑮ 3あまり3　⑯ 8あまり4
⑰ 3あまり1　⑱ 8あまり6

47
① 3あまり3　② 8あまり5
③ 5あまり6　④ 2あまり6
⑤ 4あまり6　⑥ 2あまり4
⑦ 2あまり7　⑧ 5あまり5
⑨ 2あまり3　⑩ 3あまり6
⑪ 4あまり4　⑫ 2あまり6
⑬ 6あまり3　⑭ 7あまり1
⑮ 8あまり6　⑯ 8あまり8
⑰ 3あまり3　⑱ 7あまり3

48
① 7あまり2　② 5あまり5
③ 6あまり6　④ 6あまり6
⑤ 7あまり5　⑥ 8あまり4
⑦ 2あまり4　⑧ 4あまり5
⑨ 8あまり7　⑩ 2あまり6
⑪ 8あまり4　⑫ 4あまり5
⑬ 1あまり4　⑭ 5あまり5
⑮ 3あまり3　⑯ 3あまり7
⑰ 6あまり4　⑱ 7あまり2

49
①

	3	3
×	2	3
	9	9
6	6	
7	5	9

②

	2	1
×	3	4
	8	4
6	3	
7	1	4

③

	4	3
×	2	1
	4	3
8	6	
9	0	3

④

	6	5
×	1	3
1	9	5
6	5	
8	4	5

50
① 2774　② 3854
③ 2752　④ 1728
⑤ 2457　⑥ 1350

51
① 1748　② 3243
③ 3384　④ 2592
⑤ 6715　⑥ 6045

52
① 6080　② 4060
③ 2940　④ 3150

53
① 7222　② 4108
③ 8487　④ 7412
⑤ 8835　⑥ 8358

54
① 22516　② 15996
③ 15652　④ 48425
⑤ 42891　⑥ 82147

55
① 0.4 L　② 0.7 L
③ 1.2 L　④ 1.6 L

56
1 ① 0.5cm　② 0.8cm
③ 1.6cm　④ 2.3cm
2 ア 0.3　イ 0.9
ウ 1.5　エ 2.1
3 ① 3
② 0.9
③ 47
④ 3.1

57
① 0.7　② 1.9
③ 1　④ 1
⑤ 3.6　⑥ 4.5
⑦ 1.5　⑧ 1.4

58 ① 0.5 ② 1.3
③ 0.3 ④ 0.6
⑤ 0.6 ⑥ 1.5
⑦ 0.9 ⑧ 1.6

59 ① $\frac{1}{4}$m
② $\frac{1}{6}$m
③ $\frac{3}{4}$m
④ $\frac{3}{6}$m
⑤ $\frac{3}{8}$m
⑥ $\frac{2}{10}$m

60 ① $\frac{1}{3}$L ② $\frac{1}{4}$L
③ $\frac{1}{6}$L ④ $\frac{2}{3}$L
⑤ $\frac{2}{4}$L ⑥ $\frac{2}{6}$L

61 1 ア 0.1 イ 0.2 ウ 0.3
エ 0.4 オ 1.1
カ $\frac{6}{10}$ キ $\frac{7}{10}$ ク $\frac{8}{10}$
ケ $\frac{9}{10}$ コ $\frac{12}{10}$
2 ① $<$ ② $>$
③ $>$ ④ $<$

62 ① $\frac{3}{4}$ ② $\frac{7}{8}$
③ $\frac{7}{7}=1$ ④ $\frac{5}{5}=1$
⑤ $\frac{3}{5}$ ⑥ $\frac{1}{8}$
⑦ $\frac{1}{4}$ ⑧ $\frac{2}{9}$

63 1 1m30cm
2 ア 2m
イ 2m50cm
ウ 2m90cm
3 ②、③

64 ① $500+510=1010$
1010m
② $550+900=1450$
1450m
③ 810m

65 1 しょうりゃく
2 ① 1km250m
② 2km10m
③ 3km280m
④ 4km1m
3 ① 1400m
② 2023m
③ 3003m
④ 4207m

66 ① 6km
② 15km
③ 3km
④ 8km
⑤ 5km700m
⑥ 9km800m
⑦ 1km500m
⑧ 6km200m

67 1 しょうりゃく
2 ① 300g ② 50g
③ 550g ④ 750g

68 1 しょうりゃく
2 ① 1kg ② 3kg
3 ① 1kg200g
② 1kg850g

69 1 ① 1700g
② 3060g
③ 1kg200g
④ 2kg30g
2 ① 580g
② 3kg700g
③ 360g
④ 1kg350g

70 1 しょうりゃく
2 ① 3t ② 7t
③ 4000kg ④ 6000kg
3 ① g
② kg
③ t

71 1 ウ
円の中心を通っている
2
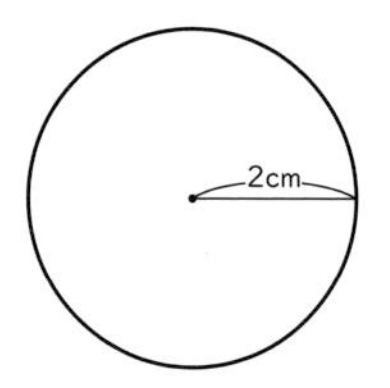

72 1 ① $5 \times 2 = 10$ 10cm
② $10 \times 4 = 40$ 40cm
2 $21 \div 3 = 7$ 7cm

73 1 ① 球
② 円
③ 中心、直径、半径
2 ②、⑥

74 1 ① $3 \times 2 = 6$
$6 \times 2 = 12$ 12cm
② $6 \times 3 = 18$ 18cm
2 ① $24 \div 4 = 6$
$6 \div 2 = 3$ 3cm
② $6 \times 3 = 18$ 18cm

75 正三角形 ㋐、㋗
二等辺三角形 ㋑、㋓、㋔
直角三角形 ㋒、㋕
その他の三角形 ㋖

76 ①

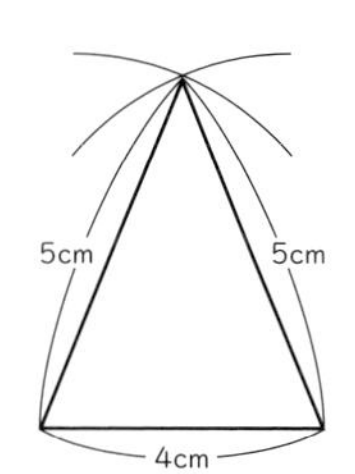

②

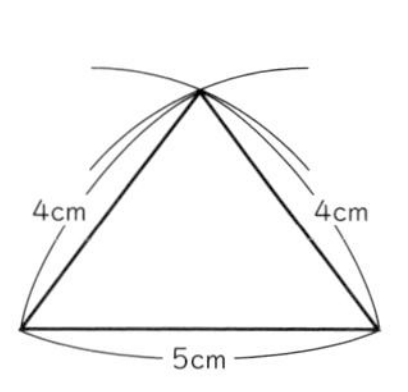

77 ①

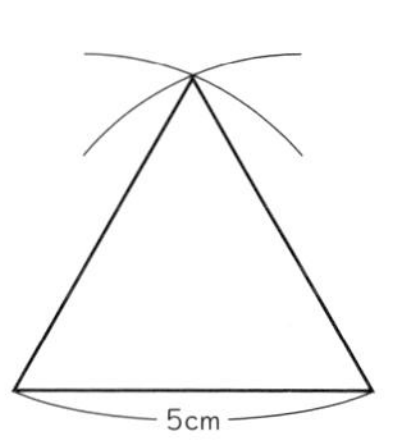

②

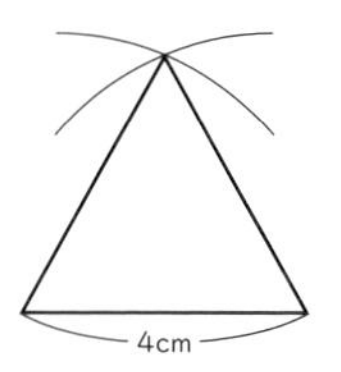

78 1　2つの角の大きさが等しい
（2つの角がぴったり重なる）
2　3つの角の大きさが等しい
（3つの角がぴったり重なる）

79 ①

しゅるい	台数（正の字）	台数（台）
乗用車	正正正	15
トラック	正丅	7
オートバイ	正𠀋	9
バス	𠀋	3
パトロールカー	一	1
消ぼう車	一	1

②

しゅるい	台数（台）
乗用車	15
オートバイ	9
トラック	7
バス	3
その他	2

③　パトロールカーと消ぼう車

80

① ② ③

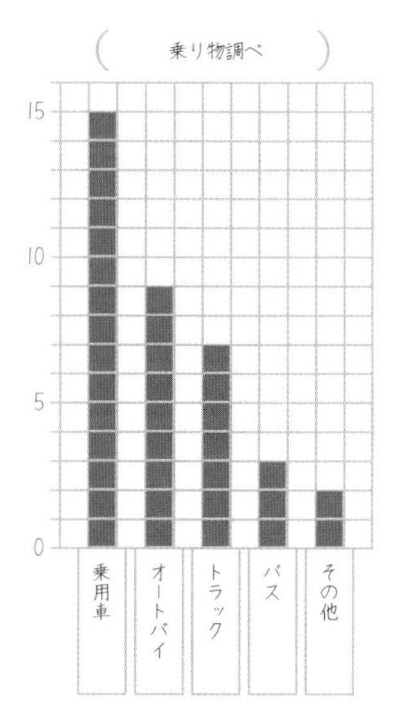

81 ①　カレーライス、12人
②　9 ÷ 3 = 3　　　3倍
③　12 + 9 + 6 + 3 + 1
= 31　　　31人

82 ①

	9月	10月	11月	合計
すりきず	7	9	6	22
切りきず	3	5	6	14
打ぼく	5	6	4	㋐ 15
その他	6	3	3	12
合計	21	㋑ 23	19	㋒ 63

② ㋐ 9月～11月の3か月に打ぼくした人の人数

㋑ 10月のけがをした人数

㋒ 9月～11月の3か月にけがをした人数

83 1 ① 23＋□＝30

② 30－23＝7 　　7こ

2 31＋□＝50

50－31＝19 　　19こ

84 1 ① 30－□＝6

② 30－6＝24 　　24こ

2 35－□＝17

35－17＝18 　　18こ

85 1 ① 5×□＝30

② 30÷5＝6 　　6人

2 □×8＝32

32÷8＝4 　　4わ

86 1 ① 24÷□＝4

② 24÷4＝6 　　6人

2 42÷□＝7

42÷7＝6 　　6こ

月　日

3 5までのかず（1）

＊ いちごの　かずだけ　いちごに　いろを　ぬりましょう。

1　いち

2　に

3　さん

4　し（よん）

5　ご

4 5までのかず（2）

1 すうじの　れんしゅうを　しましょう。

いち	1	・				
に	2	・				
さん	3	・				
し	4	・				
ご	5	・				

2 いくつ　あるか □に　かずを　かきましょう。

① 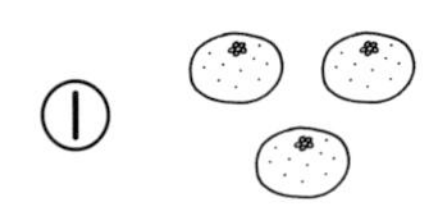 

② 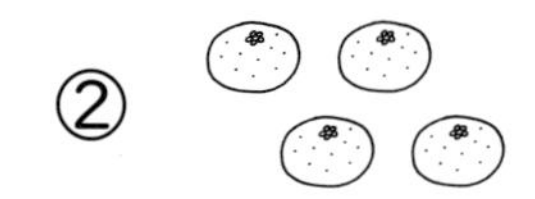 

③ 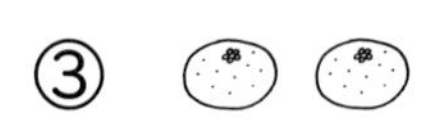 

④ 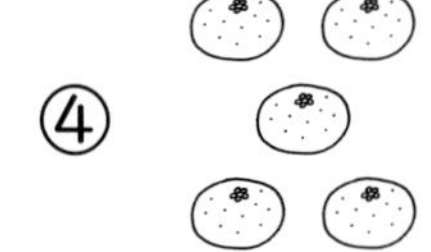 

5　5までのかず（3）

りんごが　ふたつ　あります。

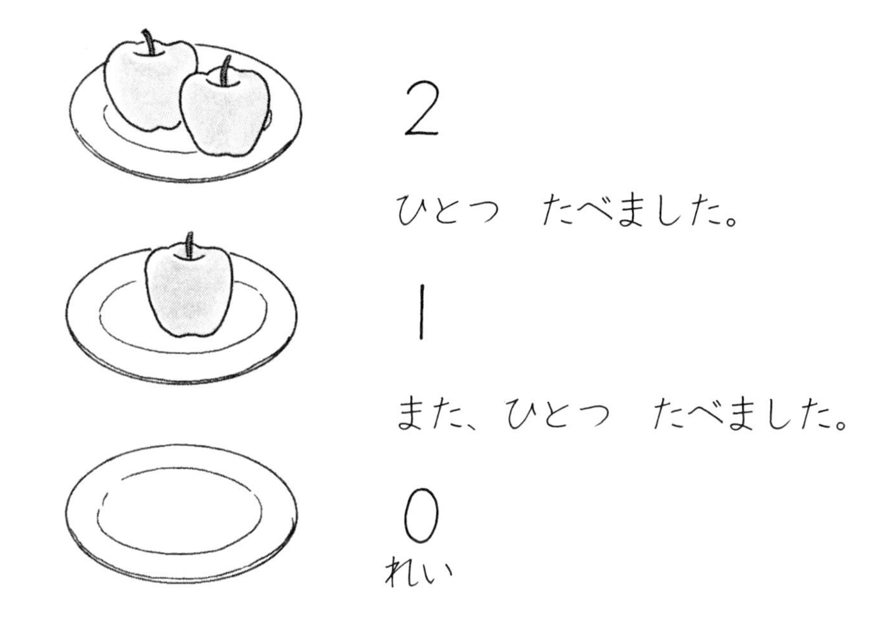

2

ひとつ　たべました。

1

また、ひとつ　たべました。

0
れい

＊　わなげを　しました。

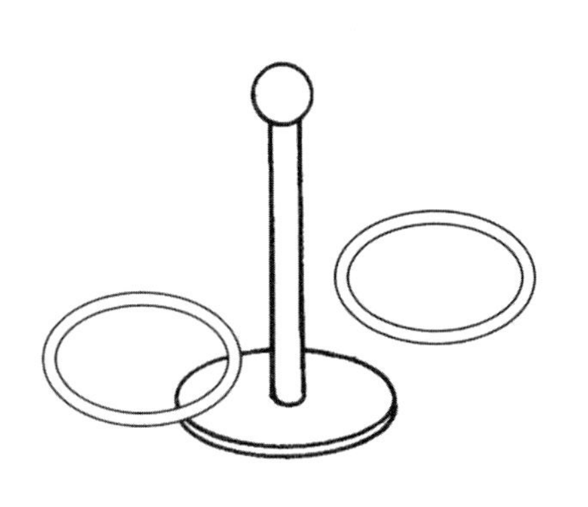

わを □ こ

なげました。

はいったのは

□ こです。

月　日

6 5までのかず（4）

＊　おおきい　かずに　○を　つけましょう。

① 3 1
（　）（　）

② 4 2
（　）（　）

③ 5 2
（　）（　）

④ 4 5
（　）（　）

⑤ 3 0
（　）（　）

⑥ 0 2
（　）（　）

⑦ 1 2
（　）（　）

⑧ 3 4
（　）（　）

月　日

7 いくつといくつ (1)

＊ □に　かずを　かきましょう。

① 1と　1で　□

□　□

② 1と　2で　□

□　□□

③ 2と　1で　□

□□　□

④ 1と　3で　□

□　□□□

⑤ 2と　2で　□

□□　□□

月　日

8 いくつといくつ（2）

＊ □に　かずを　かきましょう。

① 3と　1で　□

□□□　□

② 1と　4で　□

□　□□□□

③ 2と　3で　□

□□　□□□

④ 3と　2で　□

□□□　□□

⑤ 4と　1で　□

□□□□　□

月　日

9 いくつといくつ (3)

＊ □に　かずを　かきましょう。

① 2は　1と　□

□□　□

② 3は　1と　□

□□□　□

③ 3は　2と　□

□□□　□□

④ 4は　1と　□

□□□□　□

⑤ 4は　2と　□

□□□□　□□

月　日

10 いくつといくつ (4)

＊ □に　かずを　かきましょう。

① 4は　3と　□

□□□□　□□□

② 5は　1と　□

□□□□□　□

③ 5は　2と　□

□□□□□　□□

④ 5は　3と　□

□□□□□　□□□

⑤ 5は　4と　□

□□□□□　□□□□

月　　日

11 10までのかず（1）

＊　クッキーの　かずだけ　クッキーに　いろを　ぬりましょう。

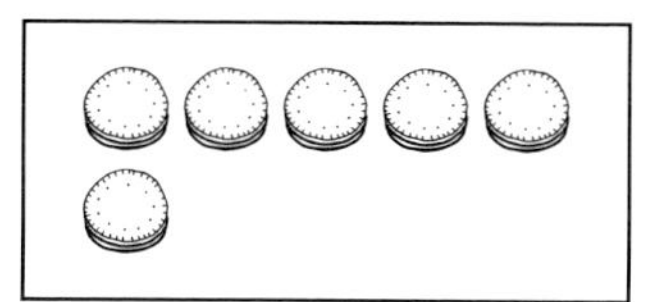

6　ろく

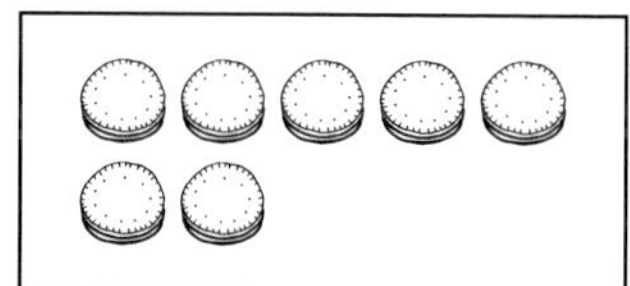

7　しち（なな）

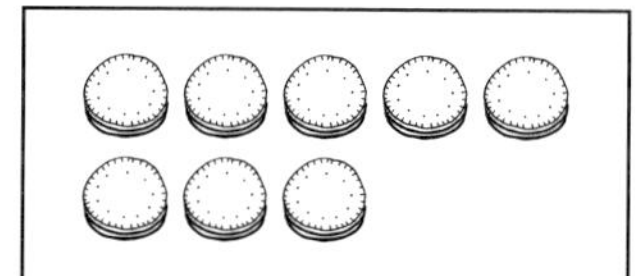

8　はち

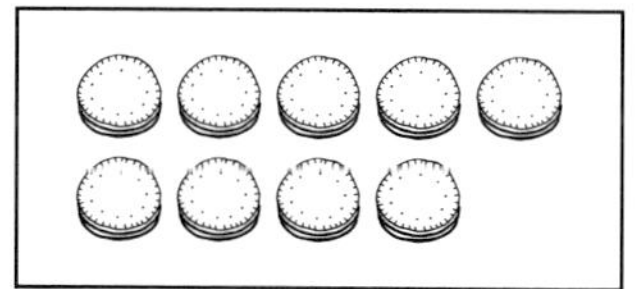

9　く（きゅう）

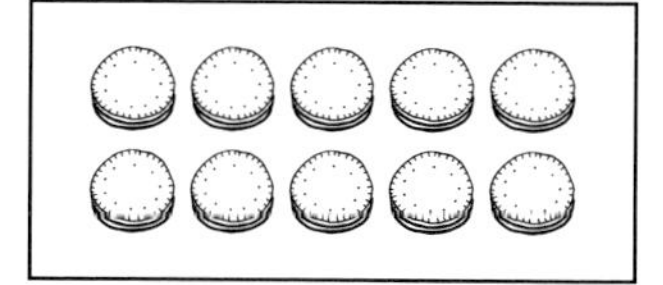

10　じゅう

月　日

12 10までのかず（2）

1 すうじの　れんしゅうを　しましょう。

ろく	6					
しち	①↓ ②→ 7					
はち	8					
く	9					
じゅう	①↓ ② 10					

2 いくつ　あるか　□に　かずを　かきましょう。

①

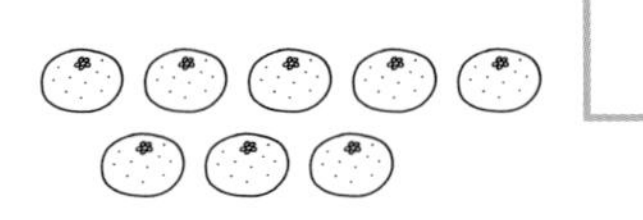

②

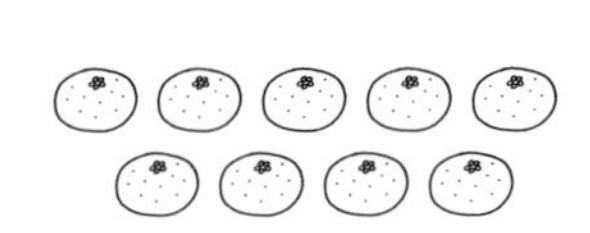

③

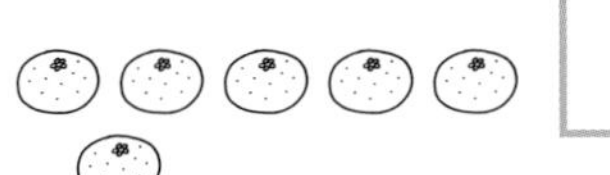

④

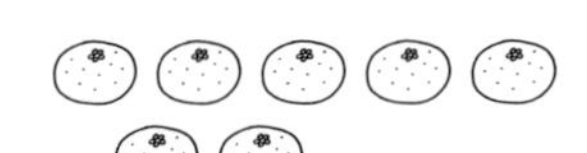

月　日

13 10までのかず（3）

1 6は　いくつと　いくつですか。
□に　かずを　かきましょう。

① 1と □　　② 2と □

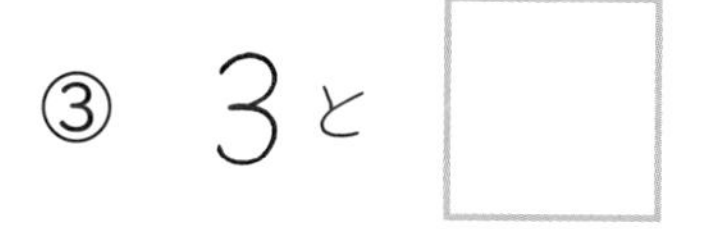
③ 3と □　　④ 4と □

⑤ 5と □

2 いくつと　いくつで　6に　なりますか。
□に　かずを　かきましょう。

① □ と 2　　② □ と 4

③ □ と 1　　④ □ と 3

⑤ □ と 5

月　　日

14 10までのかず（4）

1 7は　いくつと　いくつですか。
□に　かずを　かきましょう。

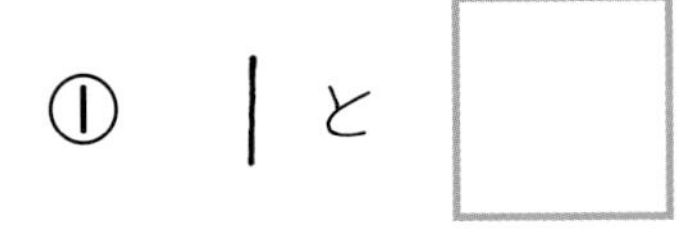
① 1と □

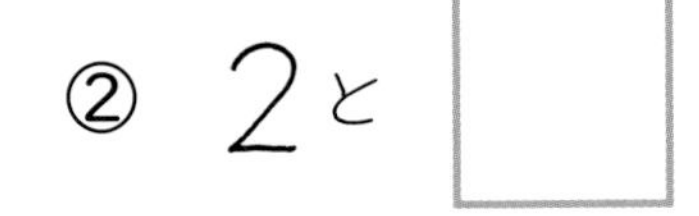
② 2と □

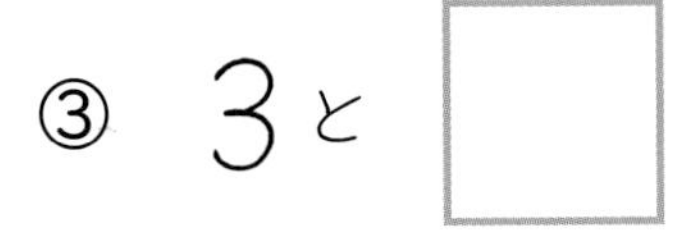
③ 3と □

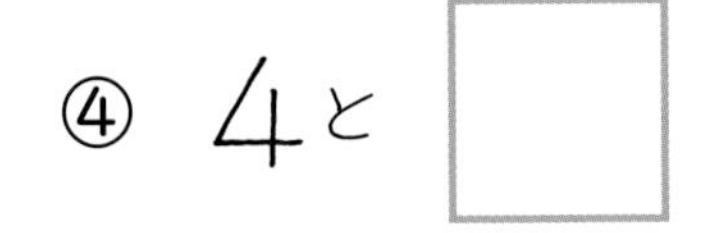
④ 4と □

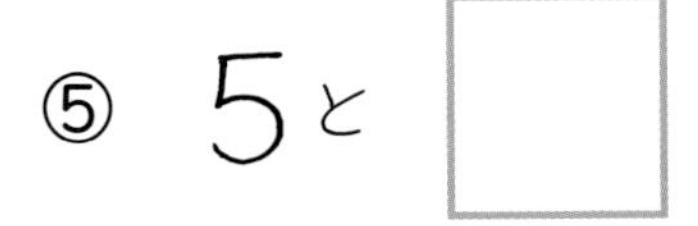
⑤ 5と □

⑥ 6と □

2 いくつと　いくつで　7に　なりますか。
□に　かずを　かきましょう。

① □ と 4

② □ と 3

③ □ と 6

④ □ と 2

⑤ □ と 5

⑥ □ と 1

15 10までのかず（5）

1 8は　いくつと　いくつですか。
□に　かずを　かきましょう。

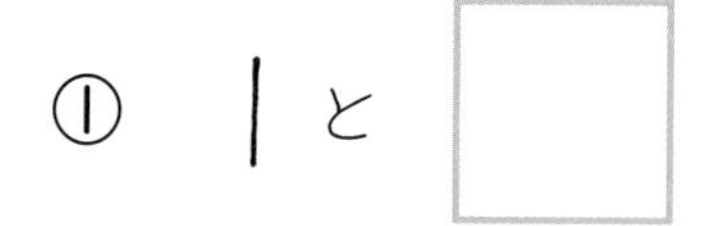

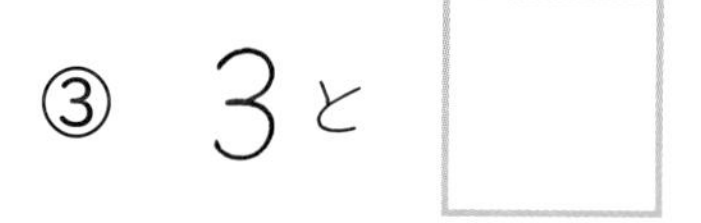

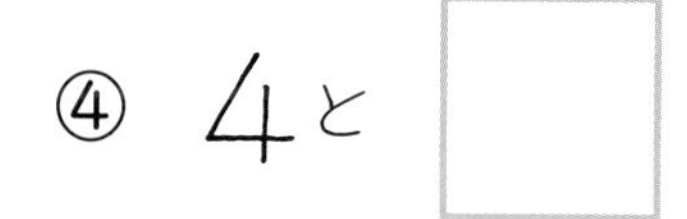

⑤ 5と □　　⑥ 6と □

⑦ 7と □

2 いくつと　いくつで　8に　なりますか。
□に　かずを　かきましょう。

① □ と 4

③ □ と 5

⑤ □ と 1

月　日

16 10までのかず（6）

1 9は　いくつと　いくつですか。
□に　かずを　かきましょう。

① 1と □　② 2と □

③ 3と □　④ 4と □

⑤ 5と □　⑥ 6と □

⑦ 7と □　⑧ 8と □

2 いくつと　いくつで　9に　なりますか。
□に　かずを　かきましょう。

① □ と 6　② □ と 2

③ □ と 3　④ □ と 1

⑤ □ と 5　⑥ □ と 4

月　日

17

10までのかず（7）

＊　おおきい　かずに　○を　つけましょう。

① 5　6

(　)(　)

② 8　9

(　)(　)

③ 10　7

(　)(　)

④ 6　8

(　)(　)

⑤ 7　8

(　)(　)

⑥ 10　9

(　)(　)

⑦ 7　5

(　)(　)

⑧ 9　6

(　)(　)

月　日

18 10のがくしゅう（1）

＊ □に　かずを　かきましょう。

① 1と□で10

② 2と□で10

③ 3と□で10

④ 4と□で10

⑤ 5と□で10

⑥ 6と□で10

⑦ 7と□で10

⑧ 8と□で10

⑨ 9と□で10

月　日

19 10のがくしゅう（2）

＊ □に　かずを　かきましょう。

① 3と□で10　② 5と□で10

③ 9と□で10　④ 6と□で10

⑤ 1と□で10　⑥ 4と□で10

⑦ 7と□で10　⑧ 2と□で10

⑨ 8と□で10

月　日

20 10のがくしゅう（3）

＊ □に　かずを　かきましょう。

① □と4で 10

② □と1で 10

③ □と8で 10

④ □と6で 10

⑤ □と9で 10

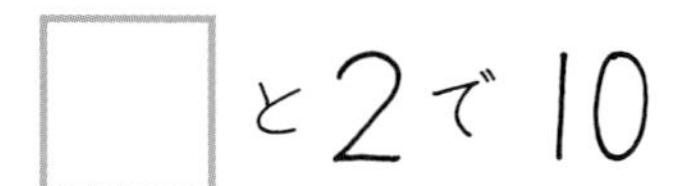

⑥ □と2で 10

⑦ □と3で 10

⑧ □と5で 10

⑨ □と7で 10

月　日

21 10のがくしゅう（4）

＊ □に　かずを　かきましょう。

① 2と8で □

② 7と3で □

③ 5と5で □

④ 1と9で □

⑤ 4と6で □

⑥ 3と7で □

⑦ 6と4で □

⑧ 8と2で □

⑨ 9と1で □

月　日

22 なんばんめ（1）

＊ ○で　かこみましょう。

① まえから　2ひき

まえ

② まえから　3びきめ

③ うしろから　3びき

うしろ

④ うしろから　4ひきめ

月　日

23 なんばんめ（2）

＊ ○で　かこみましょう。

① ひだりから　3びき

ひだり

② ひだりから　4ひきめ

③ みぎから　2ひき

みぎ

④ みぎから　5ひきめ

24 なんばんめ（3）

＊ ○で　かこみましょう。

① うえから　2ばんまで

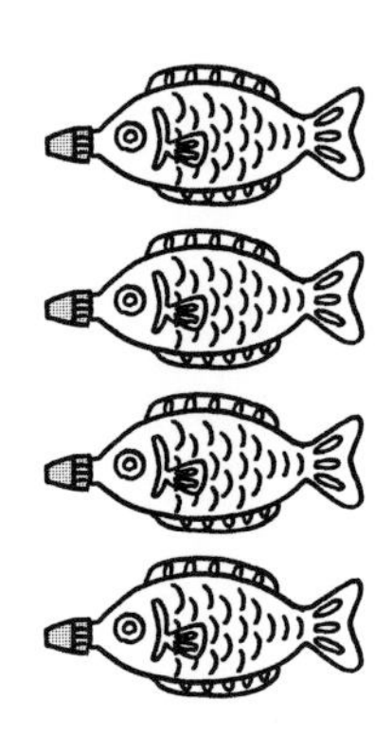

② うえから　3ばんめ

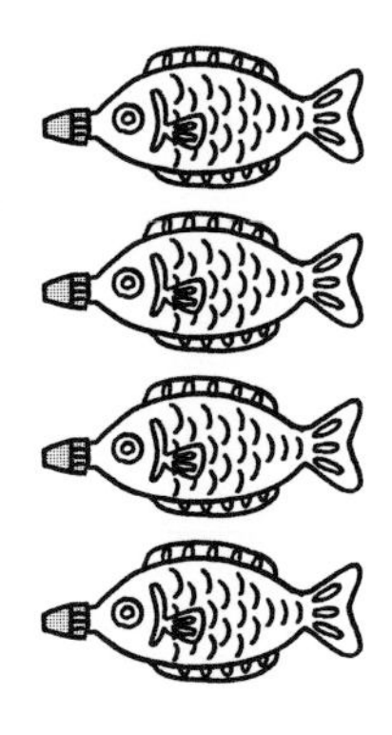

③ したから　3ばんめ

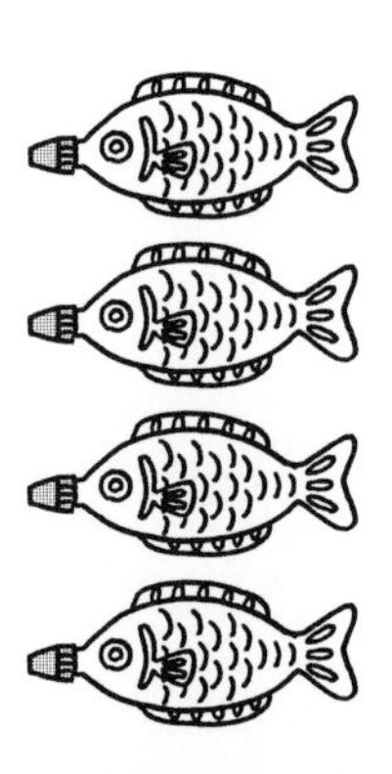

月　日

25 なんばんめ（4）

＊ ○で　かこみましょう。

① うえから　2ばんめ

② したから　2ばんまで

③ したから　3ばんめ

月　日

26 10までのたしざん（1）

1 いちごが　あります。あわせて　なんこですか。

□□□　　□□

しき $3 + 2 = 5$

こたえ ＿＿＿＿＿＿

2 いちごが　あります。あわせて　なんこですか。

□□□□□　　□□□

しき □ ＋ □ ＝ □

こたえ ＿＿＿＿＿＿

月　　日

27　10までのたしざん（2）

1　みかんを　3こ　もっていました。おかあさんから3こ　もらいました。ぜんぶで　なんこですか。

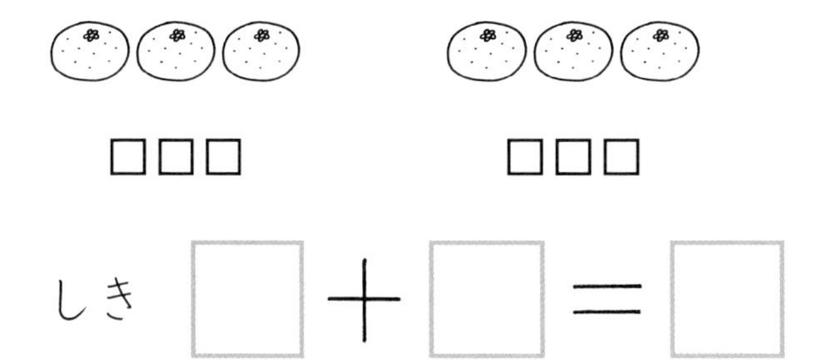

しき　□＋□＝□

こたえ ＿＿＿＿＿＿

2　みかんを　4こ　もっていました。おかあさんから4こ　もらいました。ぜんぶで　なんこですか。

□□□□　　□□□□

しき　□＋□＝□

こたえ ＿＿＿＿＿＿

月　日

28 10までのたしざん（3）

＊ つぎの　けいさんを　しましょう。

① $4+5=$　② $1+9=$

③ $6+4=$　④ $2+6=$

⑤ $3+6=$　⑥ $8+2=$

⑦ $2+7=$　⑧ $5+3=$

⑨ $7+1=$　⑩ $3+4=$

⑪ $0+7=$　⑫ $2+5=$

⑬ $1+1=$　⑭ $4+4=$

⑮ $2+3=$　⑯ $1+6=$

⑰ $4+2=$　⑱ $0+9=$

29 10までのたしざん（4）

＊ つぎの　けいさんを　しましょう。

① 5＋1＝

② 4＋3＝

③ 2＋5＝

④ 7＋2＝

⑤ 3＋4＝

⑥ 3＋6＝

⑦ 1＋8＝

⑧ 7＋1＝

⑨ 4＋2＝

⑩ 5＋3＝

⑪ 1＋6＝

⑫ 5＋4＝

⑬ 3＋5＝

⑭ 6＋1＝

⑮ 4＋4＝

⑯ 5＋2＝

⑰ 2＋6＝

⑱ 1＋7＝

30 10までのひきざん（1）

1 いちごが　5こ　あります。2こ　たべました。
のこりは　なんこですか。

→

しき $5 - 2 = 3$

こたえ ＿＿＿＿＿＿＿＿

2 いちごが　8こ　あります。4こ　たべました。
のこりは　なんこですか。

しき □ − □ ＝ □

こたえ ＿＿＿＿＿＿＿＿

月　日

31 10までのひきざん（2）

1 りんごが　5こ　あります。みかんが　3こ　あります。
りんごは　みかんより　なんこ　おおいですか。

りんご

みかん

しき □ − □ ＝ □

こたえ

2 りんごが　5こ　あります。みかんは　8こ　あります。
みかんは　りんごより　なんこ　おおいですか。

りんご

みかん

しき □ − □ ＝ □

こたえ

月　日

32

10までのひきざん（3）

＊ つぎの　けいさんを　しましょう。

① 8－4＝　② 7－2＝

③ 5－3＝　④ 9－8＝

⑤ 6－6＝　⑥ 4－1＝

⑦ 9－5＝　⑧ 10－7＝

⑨ 3－0＝　⑩ 10－2＝

⑪ 9－3＝　⑫ 6－4＝

⑬ 7－1＝　⑭ 5－0＝

⑮ 8－6＝　⑯ 9－2＝

⑰ 10－4＝　⑱ 7－5＝

月　日

33 10までのひきざん（4）

＊ つぎの　けいさんを　しましょう。

① 9－1＝　② 8－2＝

③ 7－5＝　④ 6－3＝

⑤ 9－4＝　⑥ 8－6＝

⑦ 9－7＝　⑧ 7－1＝

⑨ 8－3＝　⑩ 9－6＝

⑪ 8－5＝　⑫ 7－4＝

⑬ 6－2＝　⑭ 9－2＝

⑮ 7－3＝　⑯ 6－5＝

⑰ 8－1＝　⑱ 9－3＝

月　　日

34 20までのかず（1）

＊ タイルを　すうじに　かえて　かきましょう。

①

十のくらい	一のくらい

②

十のくらい	一のくらい

③

十のくらい	一のくらい

④

十のくらい	一のくらい

⑤

十のくらい	一のくらい

⑥

十のくらい	一のくらい

月　　日

35 20までのかず（2）

＊ タイルを　すうじに　かえて　かきましょう。

①

十のくらい	一のくらい

②

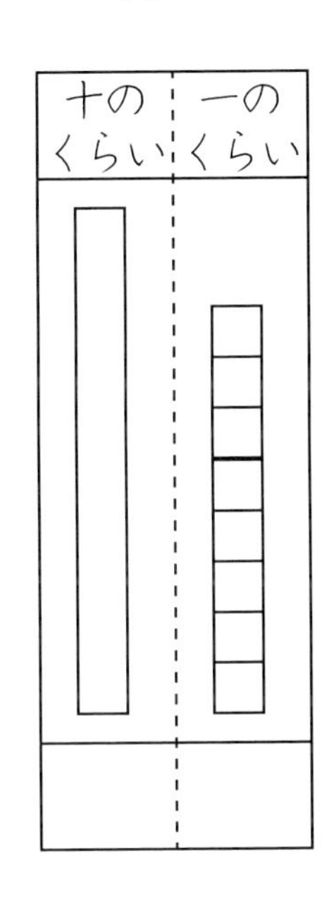

③

十のくらい	一のくらい

④

十のくらい	一のくらい

⑤

十のくらい	一のくらい

⑥

十のくらい	一のくらい

月　日

36 20までのかず（3）

＊ □に　かずを　かきましょう。

① 10と3で □

② 10と5で □

③ 10と9で □

④ 10と6で □

⑤ 10と1で □

⑥ 10と4で □

⑦ 10と7で □

⑧ 10と2で □

⑨ 10と8で □

⑩ 10と10で □

37 20までのかず（4）

＊ □に　かずを　かきましょう。

① 14は 10と □

② 16は 10と □

③ 17は 10と □

④ 15は 10と □

⑤ 19は 10と □

⑥ 20は 10と □

⑦ 13は 10と □

⑧ 11は 10と □

⑨ 12は 10と □

⑩ 18は 10と □

月　　日

38 20までのかず（5）

＊ おおきい　かずに　○を　つけましょう。

① 13　11

（　　）（　　）

② 14　12

（　　）（　　）

③ 15　13

（　　）（　　）

④ 14　16

（　　）（　　）

⑤ 13　10

（　　）（　　）

⑥ 10　12

（　　）（　　）

⑦ 15　16

（　　）（　　）

⑧ 19　18

（　　）（　　）

月　日

39 20までのかず（6）

＊ つぎの　けいさんを　しましょう。

① 10＋1＝　　② 10＋2＝

③ 10＋3＝　　④ 11＋4＝

⑤ 11＋6＝　　⑥ 11＋8＝

⑦ 12＋2＝　　⑧ 12＋5＝

⑨ 14＋3＝　　⑩ 16＋1＝

⑪ 17＋2＝　　⑫ 13＋4＝

⑬ 15＋1＝　　⑭ 13＋6＝

⑮ 11＋1＝　　⑯ 10＋5＝

⑰ 11＋3＝　　⑱ 13＋1＝

月　日

40

20までのかず（7）

＊ つぎの　けいさんを　しましょう。

① $14+5=$　② $15+2=$

③ $13+5=$　④ $10+8=$

⑤ $15+4=$　⑥ $10+4=$

⑦ $12+7=$　⑧ $18+1=$

⑨ $14+2=$　⑩ $12+3=$

⑪ $10+9=$　⑫ $16+2=$

⑬ $12+1=$　⑭ $13+2=$

⑮ $15+3=$　⑯ $11+2=$

⑰ $10+7=$　⑱ $17+1=$

月　日

41 20までのかず（8）

＊ つぎの　けいさんを　しましょう。

① 15－1＝

② 16－1＝

③ 17－1＝

④ 18－3＝

⑤ 18－4＝

⑥ 19－5＝

⑦ 19－6＝

⑧ 19－9＝

⑨ 18－8＝

⑩ 17－7＝

⑪ 16－6＝

⑫ 18－5＝

⑬ 19－3＝

⑭ 17－2＝

⑮ 14－3＝

⑯ 19－1＝

⑰ 17－3＝

⑱ 15－4＝

月　日

42 20までのかず（9）

＊ つぎの　けいさんを　しましょう。

① 17－6＝

② 14－2＝

③ 16－4＝

④ 13－3＝

⑤ 12－2＝

⑥ 19－8＝

⑦ 18－1＝

⑧ 15－3＝

⑨ 13－1＝

⑩ 19－2＝

⑪ 17－4＝

⑫ 16－2＝

⑬ 19－7＝

⑭ 18－6＝

⑮ 17－5＝

⑯ 16－5＝

⑰ 14－4＝

⑱ 12－1＝

月　日

43 10のがくしゅう（5）

＊ □に　かずを　かきましょう。

① 4と□で10

② 6と□で10

③ 1と□で10

④ 7と□で10

⑤ 2と□で10

⑥ 5と□で10

⑦ 8と□で10

⑧ 3と□で10

⑨ 9と□で10

月　日

44 10のがくしゅう（6）

＊ □に　かずを　かきましょう。

① □ と5で 10

② □ と2で 10

③ □ と9で 10

④ □ と7で 10

⑤ □ と1で 10

⑥ □ と3で 10

⑦ □ と4で 10

⑧ □ と6で 10

⑨ □ と8で 10

月　日

45 くりあがりのあるたしざん（1）

1 9＋4の　けいさんを　しましょう。

$9+4=13$

（4を 1 と 3 に わける。9と1で10）

9と　1で　10だから

4を 1 と 3 にわける

9 と 1 で 10

10と　3で 13

2 つぎの　けいさんを　しましょう。

① $9+6=$　（6を 1 と 5 にわける）

② $9+3=$

③ $9+5=$

④ $9+7=$

⑤ $9+8=$

⑥ $9+9=$

月　日

46 くりあがりのあるたしざん（2）

1 8＋3の　けいさんを　しましょう。

8＋3＝11

10　2　1

8と　2で　10だから

3を 2 と 1 にわける

8 と 2 で 10

10と　1で 11

2 つぎの　けいさんを　しましょう。

① 8＋5＝

2　3

② 8＋6＝

③ 8＋4＝

④ 8＋7＝

⑤ 8＋8＝

⑥ 8＋9＝

月　日

47 くりあがりのあるたしざん（3）

1 7＋5の　けいさんを　しましょう。

$7+5=12$

10　3　2

7と　3で　10だから

5を 3 と 2 にわける

7 と 3 で 10

10と　2で 12

2 つぎの　けいさんを　しましょう。

① $7+4=$

3　1

② $7+6=$

③ $7+7=$

④ $7+8=$

⑤ $7+9=$

⑥ $7+5=$

月　日

48 くりあがりのあるたしざん（4）

1 5＋9の　けいさんを　しましょう。

$5+9=14$

4　1　10

9と　1で　10だから

5を [1] と [4] にわける

[9] と [1] で [10]

10と　4で [14]

2 つぎの　けいさんを　しましょう。

① $4+9=$

3　1

② $7+9=$

③ $5+8=$

④ $4+8=$

⑤ $6+7=$

⑥ $6+9=$

49 くりあがりのあるたしざん (5)

＊ つぎの　けいさんを　しましょう。

① $9+4=$

② $9+2=$

③ $9+7=$

④ $9+3=$

⑤ $9+6=$

⑥ $9+8=$

⑦ $9+9=$

⑧ $9+5=$

⑨ $8+3=$

⑩ $8+6=$

⑪ $8+8=$

⑫ $8+4=$

⑬ $8+7=$

⑭ $8+5=$

⑮ $8+9=$

⑯ $7+5=$

⑰ $7+7=$

⑱ $7+8=$

月　　日

50 くりあがりのあるたしざん（6）

＊　つぎの　けいさんを　しましょう。

① $7+4=$　　② $7+9=$

③ $7+6=$　　④ $6+9=$

⑤ $6+6=$　　⑥ $6+8=$

⑦ $6+7=$　　⑧ $6+5=$

⑨ $9+3=$　　⑩ $7+8=$

⑪ $8+8=$　　⑫ $9+4=$

⑬ $8+7=$　　⑭ $7+5=$

⑮ $9+9=$　　⑯ $8+5=$

⑰ $7+7=$　　⑱ $9+8=$

月　日

51 くりあがりの　あるたしざん（7）

＊ つぎの　けいさんを　しましょう。

① 9＋2＝

② 8＋4＝

③ 6＋7＝

④ 4＋8＝

⑤ 7＋6＝

⑥ 8＋3＝

⑦ 5＋7＝

⑧ 3＋8＝

⑨ 2＋9＝

⑩ 9＋7＝

⑪ 8＋6＝

⑫ 7＋9＝

⑬ 8＋9＝

⑭ 9＋3＝

⑮ 7＋5＝

⑯ 6＋9＝

⑰ 5＋6＝

⑱ 7＋7＝

月　日

52 くりあがりのあるたしざん（8）

＊ つぎの　けいさんを　しましょう。

① $4+7=$　② $7+8=$

③ $9+9=$　④ $6+6=$

⑤ $5+9=$　⑥ $8+5=$

⑦ $9+4=$　⑧ $8+8=$

⑨ $6+5=$　⑩ $5+8=$

⑪ $8+7=$　⑫ $9+5=$

⑬ $4+9=$　⑭ $6+8=$

⑮ $9+6=$　⑯ $3+9=$

⑰ $7+4=$　⑱ $9+8=$

月　日

53

くりあがりのあるたしざん（9）

＊ つぎの　けいさんを　しましょう。

① 7＋4＝

② 8＋8＝

③ 9＋2＝

④ 7＋6＝

⑤ 6＋7＝

⑥ 9＋3＝

⑦ 8＋5＝

⑧ 5＋7＝

⑨ 2＋9＝

⑩ 8＋6＝

⑪ 9＋6＝

⑫ 7＋7＝

⑬ 3＋8＝

⑭ 9＋9＝

⑮ 8＋7＝

⑯ 4＋7＝

⑰ 9＋4＝

⑱ 3＋9＝

月　日

54 くりあがりのあるたしざん（10）

＊ つぎの　けいさんを　しましょう。

① $8+3=$　　② $6+5=$

③ $9+7=$　　④ $5+9=$

⑤ $4+9=$　　⑥ $9+8=$

⑦ $7+8=$　　⑧ $6+9=$

⑨ $6+6=$　　⑩ $5+6=$

⑪ $4+8=$　　⑫ $8+9=$

⑬ $7+9=$　　⑭ $7+5=$

⑮ $5+8=$　　⑯ $6+8=$

⑰ $9+5=$　　⑱ $8+4=$

月　日

55 くりさがりのあるひきざん（1）

1 14−9の　けいさんを　しましょう。

14−9＝5
（14 → 9 と 1）

10は　9と　1

4から　9は　ひけない

10 から 9 をひいて 1

1と　4で 5

2 つぎの　けいさんを　しましょう。

① 11−9＝
（11 → 9 と 1）

② 13−9＝

③ 15−9＝

④ 16−9＝

⑤ 17−9＝

⑥ 12−9＝

月　日

56 くりさがりのある ひきざん (2)

1 15－8の　けいさんを　しましょう。

15－8＝7
(15 → 8, 2)

10は　8と　2

5から　8は　ひけない

[10] から [8] をひいて [2]

2と　5で [7]

2 つぎの　けいさんを　しましょう。

① 11－8＝
(11 → 8, 2)

② 13－8＝

③ 14－8＝

④ 16－8＝

⑤ 17－8＝

⑥ 12－8＝

57 くりさがりのあるひきざん（3）

1 13－7の　けいさんを　しましょう。

13－7＝6
（13 → 7 と 3）

10は　7と　3

3から　7は　ひけない

10 から 7 をひいて 3

3と　3で 6

2 つぎの　けいさんを　しましょう。

① 11－7＝
（11 → 7 と 3）

② 15－7＝

③ 14－7＝

④ 16－7＝

⑤ 12－7＝

⑥ 13－7＝

58 くりさがりのあるひきざん (4)

1 13－6の　けいさんを　しましょう。

13－6＝7

（13 → 6　4）

10は　6と　4

3から　6は　ひけない

10 から 6 をひいて 4

4と　3で 7

2 つぎの　けいさんを　しましょう。

① 11－6＝

（11 → 6　4）

② 15－6＝

③ 14－6＝

④ 12－6＝

⑤ 12－5＝

⑥ 11－5＝

月　日

59 くりさがりのあるひきざん（5）

＊ つぎの　けいさんを　しましょう。

① 11－2＝

② 13－4＝

③ 16－8＝

④ 13－9＝

⑤ 12－6＝

⑥ 11－4＝

⑦ 17－9＝

⑧ 16－7＝

⑨ 14－5＝

⑩ 15－6＝

⑪ 12－8＝

⑫ 14－7＝

⑬ 11－5＝

⑭ 14－9＝

⑮ 13－7＝

⑯ 15－8＝

⑰ 14－6＝

⑱ 12－3＝

60 くりさがりのあるひきざん（6）

＊ つぎの　けいさんを　しましょう。

① 11－7＝

② 13－6＝

③ 15－9＝

④ 13－8＝

⑤ 12－5＝

⑥ 11－9＝

⑦ 12－9＝

⑧ 13－5＝

⑨ 15－7＝

⑩ 14－8＝

⑪ 11－6＝

⑫ 16－9＝

⑬ 17－8＝

⑭ 12－4＝

⑮ 11－3＝

⑯ 18－9＝

⑰ 11－8＝

⑱ 12－7＝

月　日

61 くりさがりのあるひきざん（7）

＊ つぎの　けいさんを　しましょう。

① 16－7＝

② 17－9＝

③ 13－7＝

④ 14－8＝

⑤ 18－9＝

⑥ 11－7＝

⑦ 11－3＝

⑧ 15－9＝

⑨ 15－8＝

⑩ 11－6＝

⑪ 13－5＝

⑫ 15－7＝

⑬ 12－8＝

⑭ 13－9＝

⑮ 11－5＝

⑯ 12－6＝

⑰ 14－9＝

⑱ 13－8＝

月　日

62 くりさがりのあるひきざん (8)

＊ つぎの けいさんを しましょう。

① $12-4=$	② $11-8=$
③ $15-6=$	④ $16-7=$
⑤ $13-4=$	⑥ $12-9=$
⑦ $12-7=$	⑧ $14-7=$
⑨ $17-8=$	⑩ $11-9=$
⑪ $11-4=$	⑫ $14-5=$
⑬ $16-9=$	⑭ $11-2=$
⑮ $12-3=$	⑯ $14-6=$
⑰ $13-6=$	⑱ $12-5=$

月　　日

くりさがりのあるひきざん（9）

＊　つぎの　けいさんを　しましょう。

① 14－7＝

② 11－9＝

③ 13－5＝

④ 12－8＝

⑤ 13－4＝

⑥ 12－3＝

⑦ 13－9＝

⑧ 15－7＝

⑨ 11－4＝

⑩ 14－9＝

⑪ 11－5＝

⑫ 15－8＝

⑬ 13－6＝

⑭ 11－2＝

⑮ 12－4＝

⑯ 13－8＝

⑰ 16－7＝

⑱ 12－9＝

月　日

64 くりさがりのあるひきざん（10）

＊ つぎの　けいさんを　しましょう。

① $14-5=$　② $16-8=$

③ $11-3=$　④ $17-8=$

⑤ $15-6=$　⑥ $17-9=$

⑦ $14-6=$　⑧ $11-8=$

⑨ $12-7=$　⑩ $18-9=$

⑪ $13-7=$　⑫ $16-9=$

⑬ $12-5=$　⑭ $14-8=$

⑮ $14-9=$　⑯ $16-7=$

⑰ $11-4=$　⑱ $14-7=$

月　日

65 3つのかずのけいさん（1）

1 こどもが　こうえんで　3にん　あそんで　いました。ふたり　きました。また、ひとり　きました。ぜんぶで　なんにんですか。

しき　$3+2+1=6$

5

6

こたえ

2 こどもが　こうえんで　8にん　あそんで　いました。ふたり　かえりました。また、3にん　かえりました。のこって　いるのは　なんにんですか。

しき　$8-2-3=3$

6

3

こたえ

月　日

66 3つのかずのけいさん（2）

＊ つぎの　けいさんを　しましょう。

① $2+1+4=$

② $3+2+3=$

③ $4+2+2=$

④ $5+1+3=$

⑤ $6+1+1=$

⑥ $1+3+4=$

⑦ $2+4+2=$

⑧ $3+5+1=$

⑨ $4+1+4=$

⑩ $7+3+6=$

郵便はがき

料金受取人払郵便

大阪北局
承認
246

差出有効期間
2024年5月31日まで
※切手を貼らずに
お出しください。

530-8790

156

大阪市北区曽根崎2－11－16
梅田セントラルビル

清風堂書店
愛読者係　行

愛読者カード　ご購入ありがとうございます。

フリガナ		性別	男　・　女
お名前		年齢	歳
TEL FAX	(　　)	ご職業	
ご住所	〒　　ー		
E-mail	@		

ご記入いただいた個人情報は、当社の出版の参考にのみ活用させていただきます。
第三者には一切開示いたしません。

□学力がアップする教材満載のカタログ送付を希望します。

●ご購入書籍・プリント名

●ご購入店舗・サイト名等（　　　　　　　　　　　　　　　　　　　　）

●ご購入の決め手は何ですか？（あてはまる数字に○をつけてください。）

1．表紙・タイトル　　2．中身　　3．価格　　4．SNSやHP
5．知人の紹介　　6．その他（　　　　　　　　　　　　）

●本書の内容にはご満足いただけたでしょうか？（あてはまる数字に○をつけてください。）

たいへん満足　5　4　3　2　1　不満

●本書の良かったところや改善してほしいところを教えてください。

●ご意見・ご感想、本書の内容に関してのご質問、また今後欲しい商品のアイデアがありましたら下欄にご記入ください。

ご協力ありがとうございました。

★ご感想を小社HP等で匿名でご紹介させていただく場合もございます。　□可　□不可

★おハガキをいただいた方の中から抽選で10名様に2,000円分の図書カードをプレゼント！
当選の発表は、賞品の発送をもってかえさせていただきます。

月　日

67 3つのかずのけいさん（3）

＊ つぎの　けいさんを　しましょう。

① 8－3－1＝

② 7－1－4＝

③ 6－1－2＝

④ 5－2－2＝

⑤ 4－2－1＝

⑥ 9－4－2＝

⑦ 8－2－5＝

⑧ 7－3－1＝

⑨ 9－5－3＝

⑩ 10－4－3＝

月　日

68 3つのかずのけいさん（4）

＊ つぎの　けいさんを　しましょう。

① $1+8-3=$

② $2+7-4=$

③ $7-2+1=$

④ $9-5+4=$

⑤ $3+6-7=$

⑥ $5-2+1=$

⑦ $4+5-7=$

⑧ $5+3-4=$

⑨ $4-3+2=$

⑩ $9-8+5=$

69 ながさくらべ（1）

1 ながい　ほうに　○を　つけましょう。

①

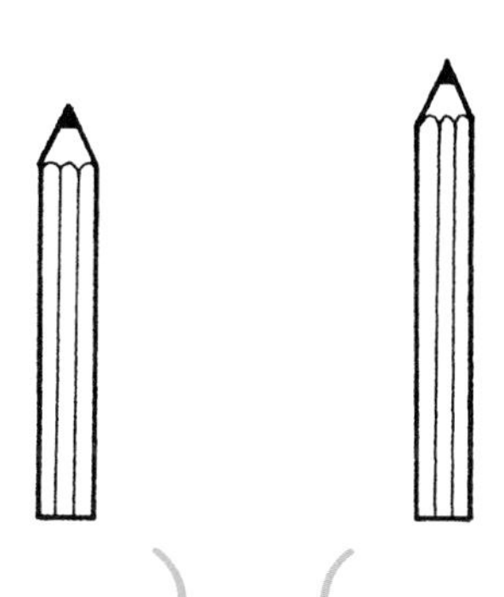

（　　）　（　　）

②

（　　）

（　　）

2 ながい　じゅんに　きごうを　かきましょう。

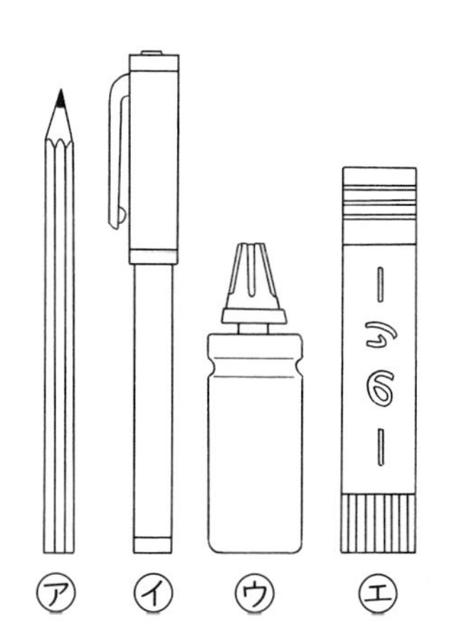

（　　）→（　　）
→（　　）→（　　）

70 ながさくらべ（2）

1 ながいのは　どちらですか。

①

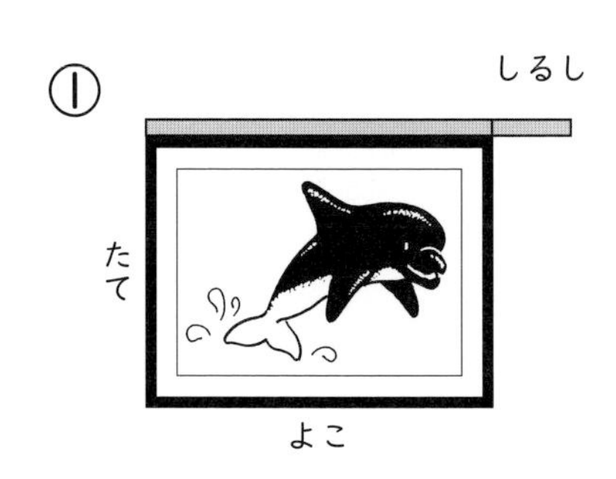

（　　　）

②

（　　　）

2 ながい　じゅんに　きごうを　かきましょう。

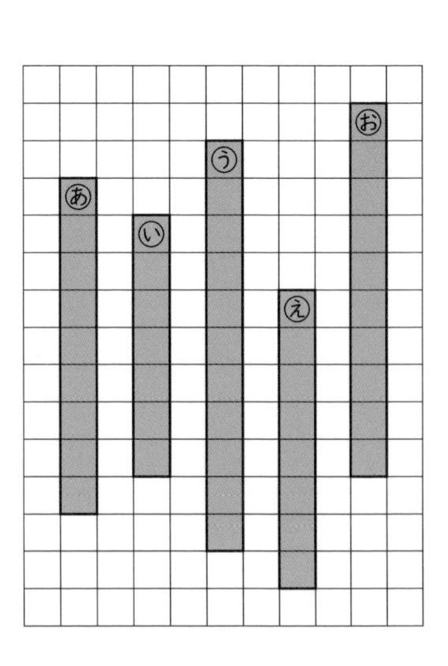

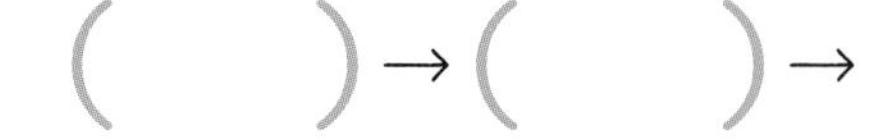

（　　　）→（　　　）→

（　　　）→（　　　）→（　　　）

月　　日

71 ひろさくらべ

＊ ひろい　ほうに　○を　つけましょう。

①

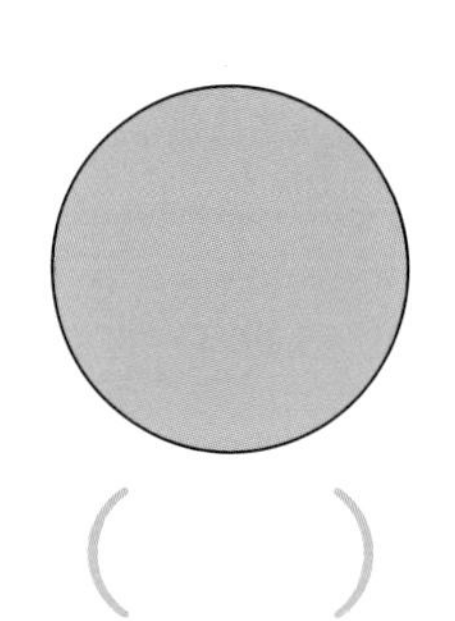
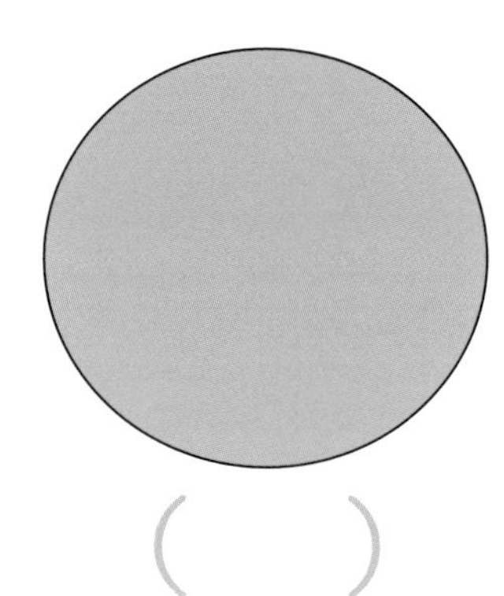

（　　）　（　　）

②

（　　）　（　　）

③

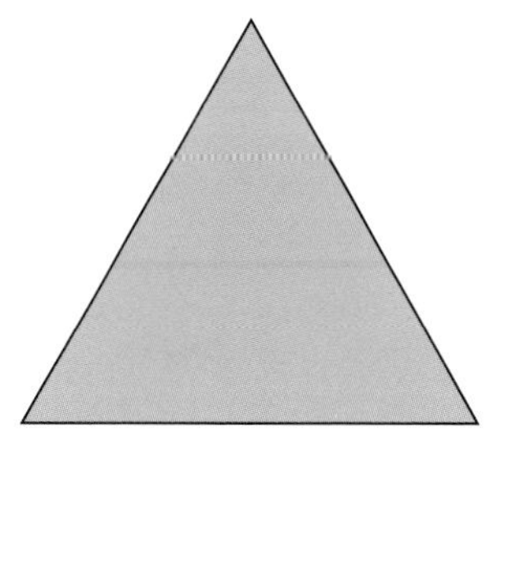
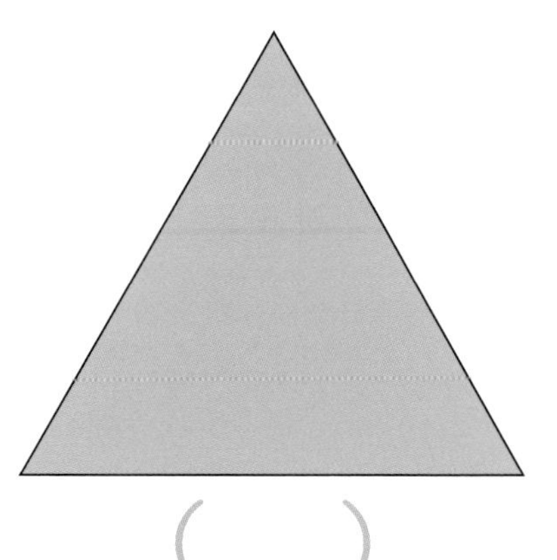

（　　）　（　　）

72 かさくらべ（1）

＊　かさが　いちばん　おおい　ものに　○を　つけましょう。

①　㋐　㋑　㋒

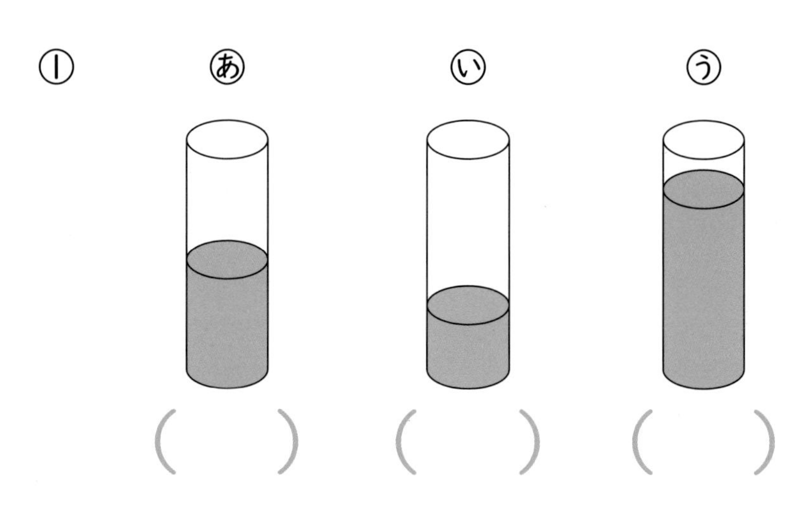

（　　）（　　）（　　）

②　㋐　㋑　㋒

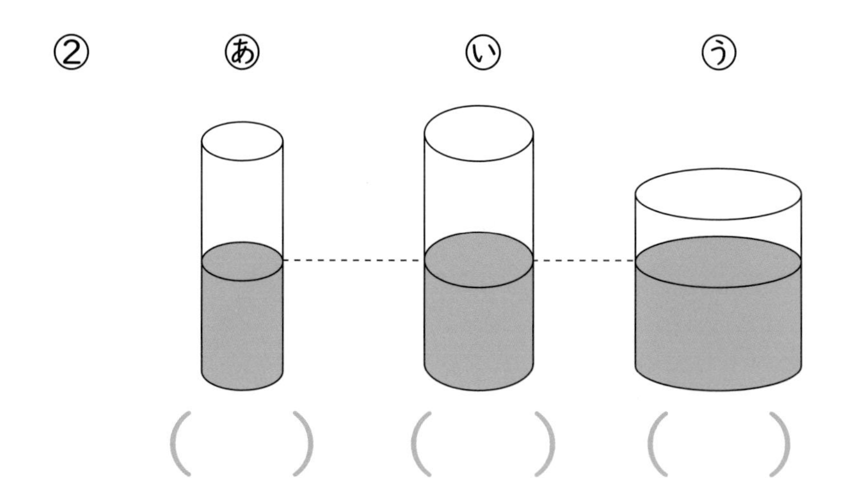

（　　）（　　）（　　）

73 かさくらべ（2）

＊ かさが　いちばん　おおい　ものに　○を　つけましょう。

①

（　　）　あ

（　　）　い

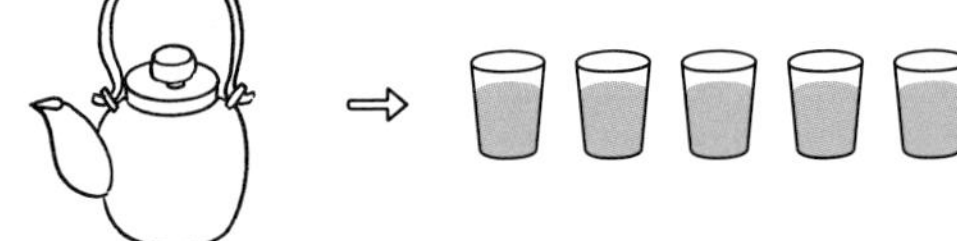

（　　）　う

②

（　　）　（　　）　（　　）

74 かたちあそび

月　日

1 ものを　おいて　かたちを　うつしました。あう　ものを　せんで　むすびましょう。

①
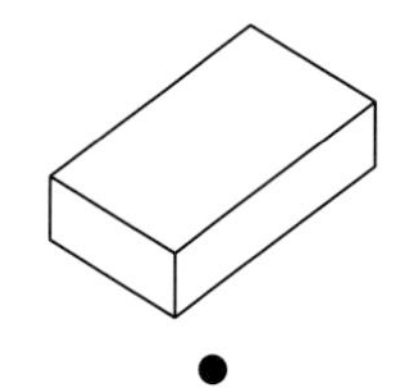

②
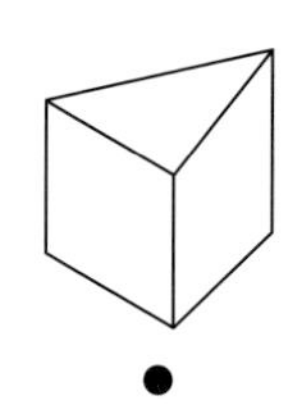

③
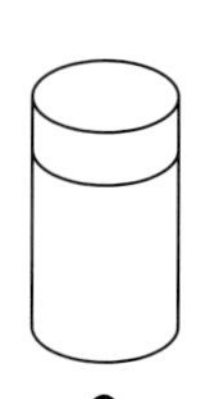

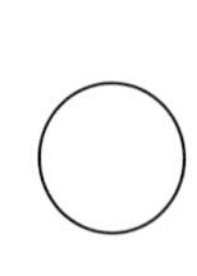

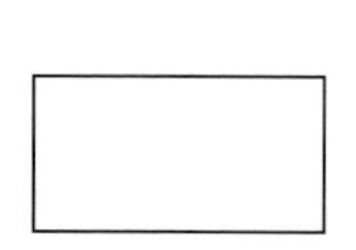

さんかく　　まる　　しかく

2 ころがる　ものに　○を　つけましょう。

①
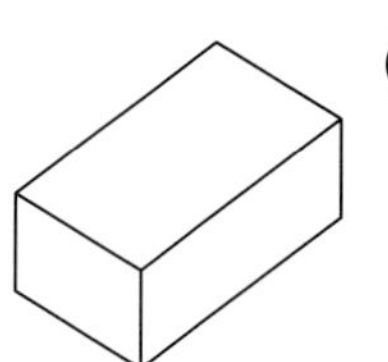

②
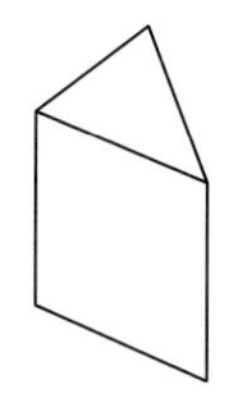

③
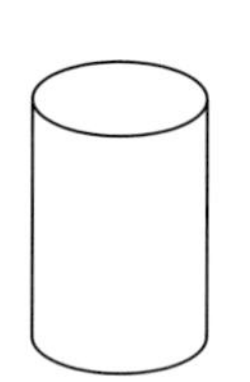

④

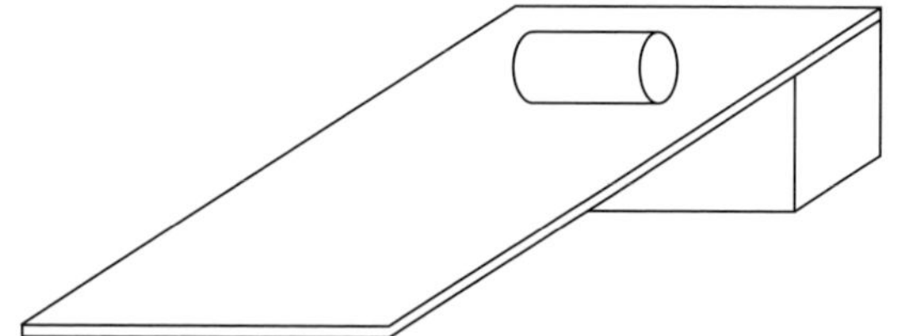

75 おおきなかず（1）

＊　ぼうは　なんぼん　ありますか。

①
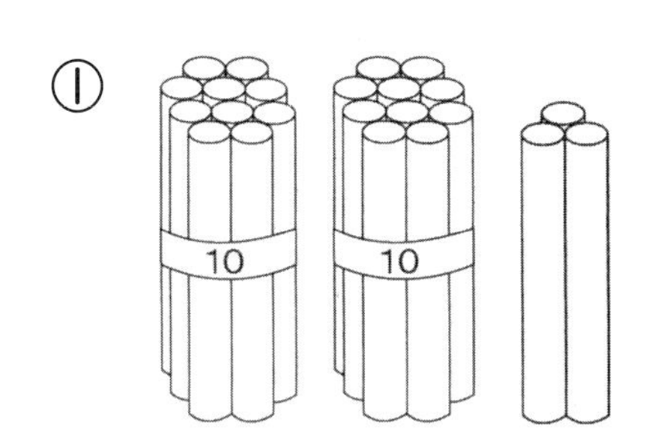

（　　　　　）

②
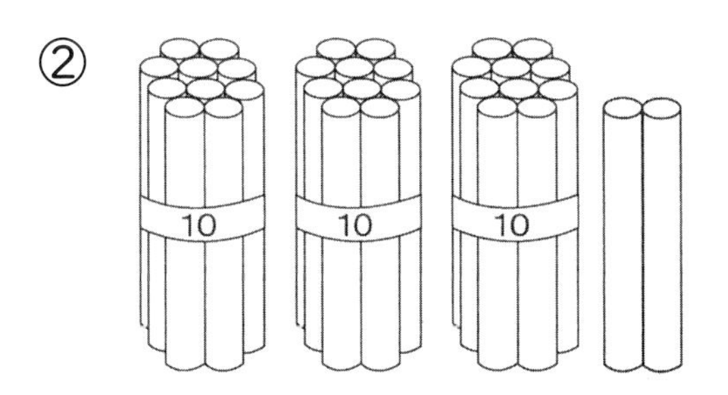

（　　　　　）

③
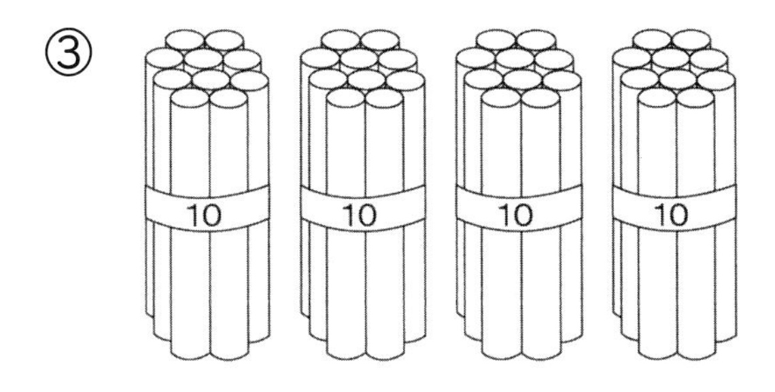

（　　　　　）

月　日

76 おおきなかず（2）

1 □に　あてはまる　かずを　かきましょう。

① 10が　5こと、1が　6こで □

② 10が　8こと、1が　4こで □

③ 10が　6こと、1が　3こで □

④ 10が　9こと、1が　8こで □

2 □に　あてはまる　かずを　かきましょう。

① 40は　10を □ こ　あつめた　かずです。

② 60は　10を □ こ　あつめた　かずです。

③ 75は　10を □ こと、1を □ こ　あわせた　かずです。

77 おおきなかず（3）

1 □に　あてはまる　かずを　かきましょう。

① 45は　40と　□　を　あわせた　かずです。

② 61は　60と　□　を　あわせた　かずです。

③ 73は　□　と　3を　あわせた　かずです。

④ 86は　□　と　6を　あわせた　かずです。

2 おおきい　かずに　○を　つけましょう。

① 81　と　83
（　　）（　　）

② 48　と　50
（　　）（　　）

③ 70　と　69
（　　）（　　）

④ 29　と　92
（　　）（　　）

78 おおきなかず（4）

月　　日

10が　10こで　百(ひゃく)に
なります。すうじで
100と　かきます。

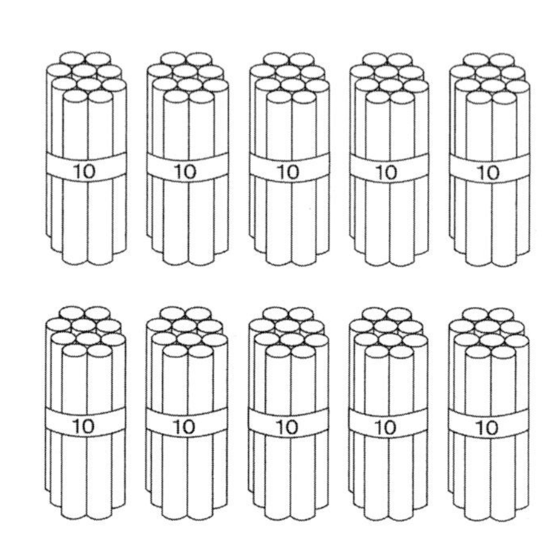

＊ □に　あてはまる　かずを　かきましょう。

① 99より　1　おおきい　かずは　□。

② 100より　1　おおきい　かずは　□。

③ 105より　1　おおきい　かずは　□。

④ 109より　1　おおきい　かずは　□。

⑤ 100より　1　ちいさい　かずは　□。

月　日

79 おおきなかず（5）

＊ つぎの　かずを　かきましょう。

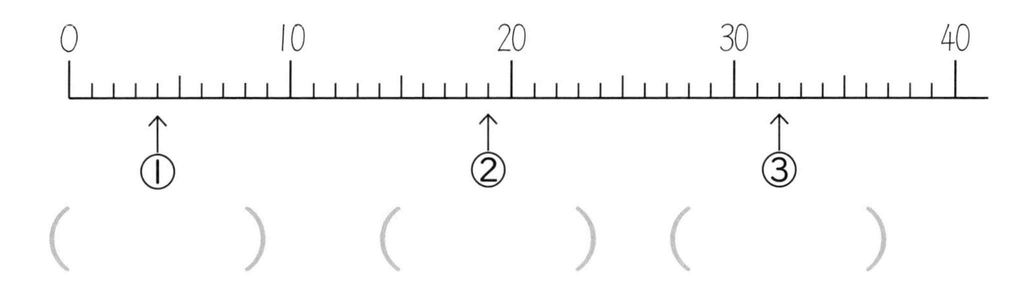

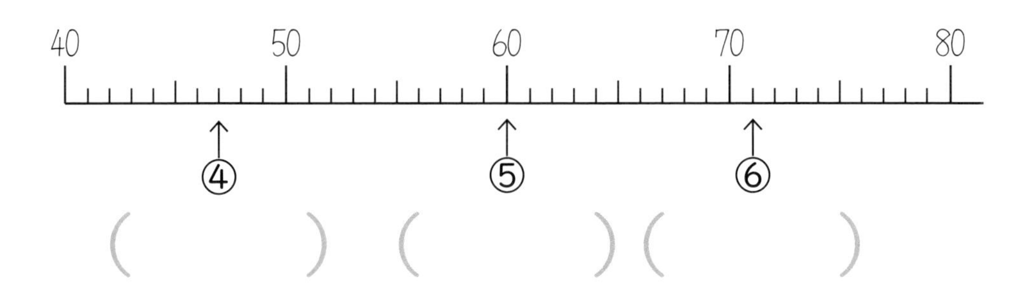

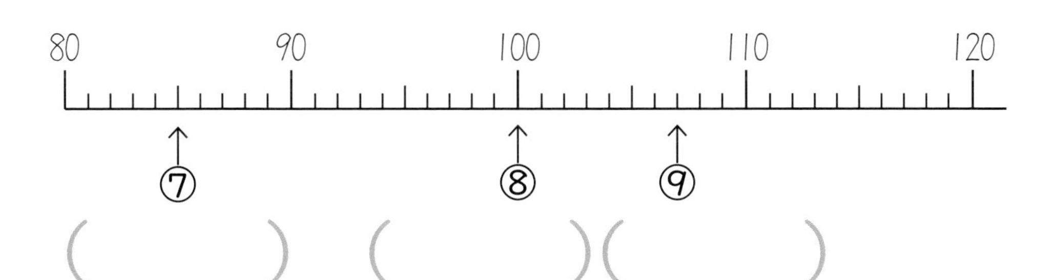

月　　日

80 おおきなかず（6）

＊ □に　あてはまる　かずを　かきましょう。

① | 83 | 84 | □ | □ | 87 | □ |

② | 88 | 89 | □ | □ | 92 | □ |

③ | 95 | □ | 97 | □ | 99 | □ |

④ | 98 | 99 | □ | □ | 102 | □ |

⑤ | 107 | □ | □ | □ | 111 | □ |

81 おおきなかず（7）

＊ つぎの　けいさんを　しましょう。

① 20＋30＝

② 30＋40＝

③ 70＋10＝

④ 50＋40＝

⑤ 40＋60＝

⑥ 50＋50＝

⑦ 30＋70＝

⑧ 80＋20＝

⑨ 40＋2＝

⑩ 90＋5＝

⑪ 8＋20＝

⑫ 7＋60＝

月　日

82 おおきなかず（8）

＊ つぎの　けいさんを　しましょう。

① 60－30＝

② 70－20＝

③ 80－10＝

④ 50－40＝

⑤ 100－60＝

⑥ 100－50＝

⑦ 100－70＝

⑧ 100－20＝

⑨ 48－8＝

⑩ 93－3＝

⑪ 83－2＝

⑫ 76－3＝

月　日

83 とけい（1）

＊ とけいを　よみましょう。

①

（ 9じ ）

②

（　　　）

③

（　　　）

④

（　　　）

⑤

（　　　）

⑥

（　　　）

月　日

84 とけい (2)

＊ ①から　③は　なんじはんで、④から　⑥は　なんじなんぷんで　よみましょう。

①

(1じはん)

②

(　　　)

③

(　　　)

④

(7じ30ぷん)

⑤

(　　　)

⑥

(　　　)

85 とけい（3）

＊　とけいを　よみましょう。

①

②

③

④

⑤

⑥

86 とけい（4）

＊ とけいを　よみましょう。

①

（8じ12ふん）

②

（　　　　）

③

（　　　　）

④

（　　　　）

⑤

（　　　　）

⑥

（　　　　）

こたえ

1 ①

(○)
( )

②

( )
(○)

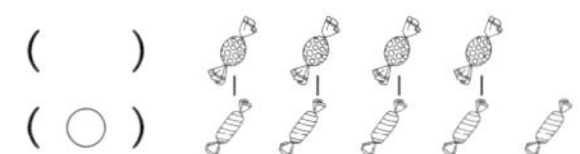

③

(○)
( )

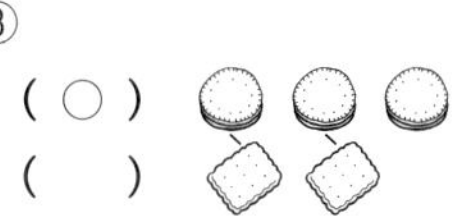

2

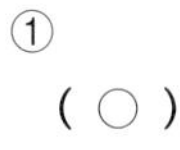

①

(○)
( )

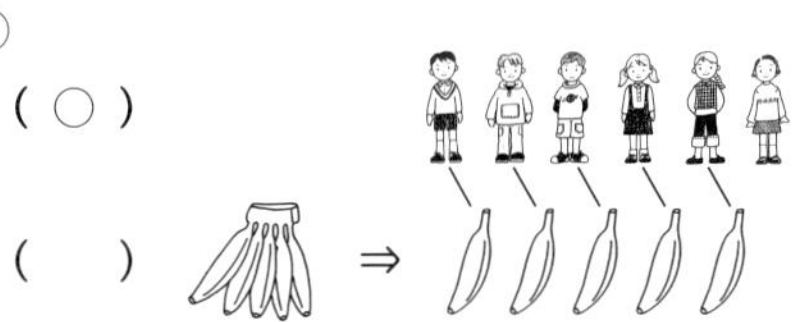

②

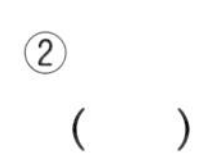

( )
(○)

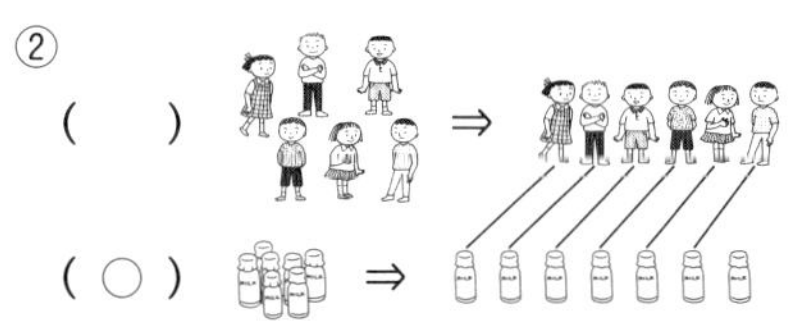

3

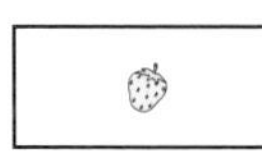

1　いち

2　に

3　さん

4　し（よん）

5　ご

4 1　しょうりゃく

2　① 3　② 4

③ 2　④ 5

5 2、0

6 ① 3　② 4

③ 5　④ 5

⑤ 3　⑥ 2

⑦ 2　⑧ 4

7 ① 2

② 3

③ 3

④ 4

⑤ 4

8 ① 4

② 5

③ 5

④ 5

⑤ 5

9 ① 1

② 2

③ 1

④ 3

⑤ 2

10 ① 1
② 4
③ 3
④ 2
⑤ 1

11

●●●●● ●	6 ろく
●●●●● ●●	7 しち（なな）
●●●●● ●●●	8 はち
●●●●● ●●●●	9 く（きゅう）
●●●●● ●●●●●	10 じゅう

12 1 しょうりゃく
2 ① 8 ② 9
③ 6 ④ 7

13 1 ① 5 ② 4
③ 3 ④ 2
⑤ 1
2 ① 4 ② 2
③ 5 ④ 3
⑤ 1

14 1 ① 6 ② 5
③ 4 ④ 3
⑤ 2 ⑥ 1
2 ① 3 ② 4
③ 1 ④ 5
⑤ 2 ⑥ 6

15 1 ① 7 ② 6
③ 5 ④ 4
⑤ 3 ⑥ 2
⑦ 1
2 ① 4 ② 5
③ 3 ④ 6
⑤ 7 ⑥ 2

16 1 ① 8 ② 7
③ 6 ④ 5
⑤ 4 ⑥ 3
⑦ 2 ⑧ 1
2 ① 3 ② 7
③ 6 ④ 8
⑤ 4 ⑥ 5

17 ① 6 ② 9
③ 10 ④ 8
⑤ 8 ⑥ 10
⑦ 7 ⑧ 9

18 ① 9 ② 8
③ 7 ④ 6
⑤ 5 ⑥ 4
⑦ 3 ⑧ 2
⑨ 1

19 ① 7 ② 5
③ 1 ④ 4
⑤ 9 ⑥ 6
⑦ 3 ⑧ 8
⑨ 2

20 ① 6 ② 9
③ 2 ④ 4
⑤ 1 ⑥ 8

⑦ 7　　⑧ 5
⑨ 3

21 ① 10　　② 10
③ 10　　④ 10
⑤ 10　　⑥ 10
⑦ 10　　⑧ 10
⑨ 10

22

①

②

③ うしろ

④

23

①

②

③

④

24

①
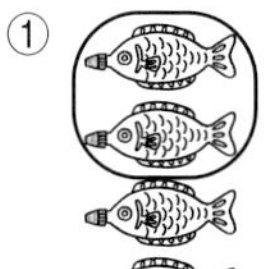
②
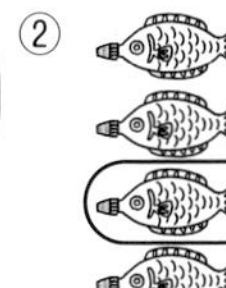
③
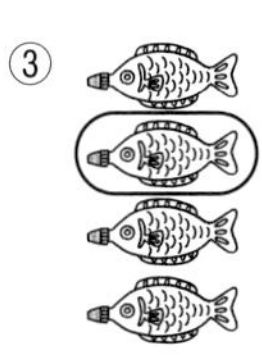

25

26 1　$3+2=5$　　5こ
2　$5+3=8$　　8こ

27 1　$3+3=6$　　6こ
2　$4+4=8$　　8こ

28 ① 9　　② 10
③ 10　　④ 8
⑤ 9　　⑥ 10
⑦ 9　　⑧ 8
⑨ 8　　⑩ 7
⑪ 7　　⑫ 7
⑬ 2　　⑭ 8
⑮ 5　　⑯ 7
⑰ 6　　⑱ 9

29 ① 6　　② 7
③ 7　　④ 9
⑤ 7　　⑥ 9
⑦ 9　　⑧ 8
⑨ 6　　⑩ 8
⑪ 7　　⑫ 9
⑬ 8　　⑭ 7
⑮ 8　　⑯ 7
⑰ 8　　⑱ 8

30 1　$5-2=3$　　3こ
2　$8-4=4$　　4こ

31 1 5 − 3 = 2　　2こ
2 8 − 5 = 3　　3こ

32 ① 4　② 5
③ 2　④ 1
⑤ 0　⑥ 3
⑦ 4　⑧ 3
⑨ 3　⑩ 8
⑪ 6　⑫ 2
⑬ 6　⑭ 5
⑮ 2　⑯ 7
⑰ 6　⑱ 2

33 ① 8　② 6
③ 2　④ 3
⑤ 5　⑥ 2
⑦ 2　⑧ 6
⑨ 5　⑩ 3
⑪ 3　⑫ 3
⑬ 4　⑭ 7
⑮ 4　⑯ 1
⑰ 7　⑱ 6

34 ① 11　② 12　③ 13
④ 14　⑤ 15　⑥ 16

35 ① 17　② 18　③ 19
④ 20　⑤ 15　⑥ 12

36 ① 13　② 15
③ 19　④ 16
⑤ 11　⑥ 14
⑦ 17　⑧ 12
⑨ 18　⑩ 20

37 ① 4　② 6
③ 7　④ 5
⑤ 9　⑥ 10
⑦ 3　⑧ 1
⑨ 2　⑩ 8

38 ① 13　② 14
③ 15　④ 16
⑤ 13　⑥ 12
⑦ 16　⑧ 19

39 ① 11　② 12
③ 13　④ 15
⑤ 17　⑥ 19
⑦ 14　⑧ 17
⑨ 17　⑩ 17
⑪ 19　⑫ 17
⑬ 16　⑭ 19
⑮ 12　⑯ 15
⑰ 14　⑱ 14

40 ① 19　② 17
③ 18　④ 18
⑤ 19　⑥ 14
⑦ 19　⑧ 19
⑨ 16　⑩ 15
⑪ 19　⑫ 18
⑬ 13　⑭ 15
⑮ 18　⑯ 13
⑰ 17　⑱ 18

41
① 14 ② 15
③ 16 ④ 15
⑤ 14 ⑥ 14
⑦ 13 ⑧ 10
⑨ 10 ⑩ 10
⑪ 10 ⑫ 13
⑬ 16 ⑭ 15
⑮ 11 ⑯ 18
⑰ 14 ⑱ 11

42
① 11 ② 12
③ 12 ④ 10
⑤ 10 ⑥ 11
⑦ 17 ⑧ 12
⑨ 12 ⑩ 17
⑪ 13 ⑫ 14
⑬ 12 ⑭ 12
⑮ 12 ⑯ 11
⑰ 10 ⑱ 11

43
① 6 ② 4
③ 9 ④ 3
⑤ 8 ⑥ 5
⑦ 2 ⑧ 7
⑨ 1

44
① 5 ② 8
③ 1 ④ 3
⑤ 9 ⑥ 7
⑦ 6 ⑧ 4
⑨ 2

45 1 しょうりゃく
2 ① 9 + 6 = 15（6 → 1 5） ② 9 + 3 = 12（3 → 1 2）
③ 9 + 5 = 14（5 → 1 4） ④ 9 + 7 = 16（7 → 1 6）
⑤ 9 + 8 = 17（8 → 1 7） ⑥ 9 + 9 = 18（9 → 1 8）

46 1 しょうりゃく
2 ① 8 + 5 = 13（5 → 2 3） ② 8 + 6 = 14（6 → 2 4）
③ 8 + 4 = 12（4 → 2 2） ④ 8 + 7 = 15（7 → 2 5）
⑤ 8 + 8 = 16（8 → 2 6） ⑥ 8 + 9 = 17（9 → 2 7）

47 1 しょうりゃく
2 ① 7 + 4 = 11（4 → 3 1） ② 7 + 6 = 13（6 → 3 3）
③ 7 + 7 = 14（7 → 3 4） ④ 7 + 8 = 15（8 → 3 5）
⑤ 7 + 9 = 16（9 → 3 6） ⑥ 7 + 5 = 12（5 → 3 2）

48 1 しょうりゃく
2 ① 4 + 9 = 13（4 → 3 1） ② 7 + 9 = 16（7 → 6 1）
③ 5 + 8 = 13（5 → 3 2） ④ 4 + 8 = 12（4 → 2 2）
⑤ 6 + 7 = 13（6 → 3 3） ⑥ 6 + 9 = 15（6 → 5 1）

49

①	13	②	11
③	16	④	12
⑤	15	⑥	17
⑦	18	⑧	14
⑨	11	⑩	14
⑪	16	⑫	12
⑬	15	⑭	13
⑮	17	⑯	12
⑰	14	⑱	15

50

①	11	②	16
③	13	④	15
⑤	12	⑥	14
⑦	13	⑧	11
⑨	12	⑩	15
⑪	16	⑫	13
⑬	15	⑭	12
⑮	18	⑯	13
⑰	14	⑱	17

51

①	11	②	12
③	13	④	12
⑤	13	⑥	11
⑦	12	⑧	11
⑨	11	⑩	16
⑪	14	⑫	16
⑬	17	⑭	12
⑮	12	⑯	15
⑰	11	⑱	14

52

①	11	②	15
③	18	④	12
⑤	14	⑥	13
⑦	13	⑧	16
⑨	11	⑩	13
⑪	15	⑫	14
⑬	13	⑭	14
⑮	15	⑯	12
⑰	11	⑱	17

53

①	11	②	16
③	11	④	13
⑤	13	⑥	12
⑦	13	⑧	12
⑨	11	⑩	14
⑪	15	⑫	14
⑬	11	⑭	18
⑮	15	⑯	11
⑰	13	⑱	12

54

①	11	②	11
③	16	④	14
⑤	13	⑥	17
⑦	15	⑧	15
⑨	12	⑩	11
⑪	12	⑫	17
⑬	16	⑭	12
⑮	13	⑯	14
⑰	14	⑱	12

55 1 しょうりゃく

2 ① 11 − 9 = 2
　　9　1

② 13 − 9 = 4
　　9　1

③ 15 − 9 = 6
　　9　1

④ 16 − 9 = 7
　　9　1

⑤ 17 − 9 = 8
　　9　1

⑥ 12 − 9 = 3
　　9　1

56 1 しょうりゃく

2 ① 11 − 8 = 3
　　8　2

② 13 − 8 = 5
　　8　2

③ 14 − 8 = 6
　　8　2

④ 16 − 8 = 8
　　8　2

⑤ 17 − 8 = 9
　　8　2

⑥ 12 − 8 = 4
　　8　2

57 1 しょうりゃく

2 ① 11 − 7 = 4
　　7　3

② 15 − 7 = 8
　　7　3

③ 14 − 7 = 7
　　7　3

④ 16 − 7 = 9
　　7　3

⑤ 12 − 7 = 5
　　7　3

⑥ 13 − 7 = 6
　　7　3

58 1 しょうりゃく

2 ① 11 − 6 = 5
　　6　4

② 15 − 6 = 9
　　6　4

③ 14 − 6 = 8
　　6　4

④ 12 − 6 = 6
　　6　4

⑤ 12 − 5 = 7
　　5　5

⑥ 11 − 5 = 6
　　5　5

59 ① 9　② 9
③ 8　④ 4
⑤ 6　⑥ 7
⑦ 8　⑧ 9
⑨ 9　⑩ 9
⑪ 4　⑫ 7
⑬ 6　⑭ 5
⑮ 6　⑯ 7
⑰ 8　⑱ 9

60 ① 4　② 7
③ 6　④ 5
⑤ 7　⑥ 2
⑦ 3　⑧ 8
⑨ 8　⑩ 6
⑪ 5　⑫ 7
⑬ 9　⑭ 8
⑮ 8　⑯ 9
⑰ 3　⑱ 5

61 ① 9　② 8
③ 6　④ 6
⑤ 9　⑥ 4
⑦ 8　⑧ 6
⑨ 7　⑩ 5
⑪ 8　⑫ 8
⑬ 4　⑭ 4
⑮ 6　⑯ 6
⑰ 5　⑱ 5

62 ① 8 ② 3
③ 9 ④ 9
⑤ 9 ⑥ 3
⑦ 5 ⑧ 7
⑨ 9 ⑩ 2
⑪ 7 ⑫ 9
⑬ 7 ⑭ 9
⑮ 9 ⑯ 8
⑰ 7 ⑱ 7

63 ① 7 ② 2
③ 8 ④ 4
⑤ 9 ⑥ 9
⑦ 4 ⑧ 8
⑨ 7 ⑩ 5
⑪ 6 ⑫ 7
⑬ 7 ⑭ 9
⑮ 8 ⑯ 5
⑰ 9 ⑱ 3

64 ① 9 ② 8
③ 8 ④ 9
⑤ 9 ⑥ 8
⑦ 8 ⑧ 3
⑨ 5 ⑩ 9
⑪ 6 ⑫ 7
⑬ 7 ⑭ 6
⑮ 5 ⑯ 9
⑰ 7 ⑱ 7

65 1 $3+2+1=6$ 6にん
2 $8-2-3=3$ 3にん

66 ① 7
② 8
③ 8
④ 9
⑤ 8
⑥ 8
⑦ 8
⑧ 9
⑨ 9
⑩ 16

67 ① 4
② 2
③ 3
④ 1
⑤ 1
⑥ 3
⑦ 1
⑧ 3
⑨ 1
⑩ 3

68 ① 6
② 5
③ 6
④ 8
⑤ 2
⑥ 4
⑦ 2
⑧ 4
⑨ 3
⑩ 6

69 1 ①

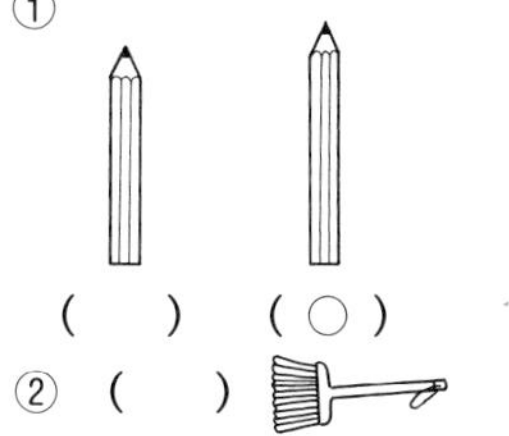

(　　)　(○)

② (　　)

(○)

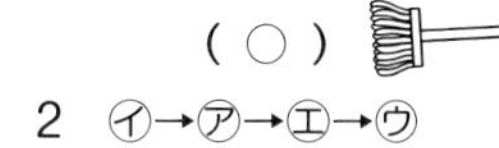

2 ㋑→㋐→㋓→㋒

70 1 ① よこ

② たて

2 ㋒→㋔→㋐→㋓→㋑

71 ①

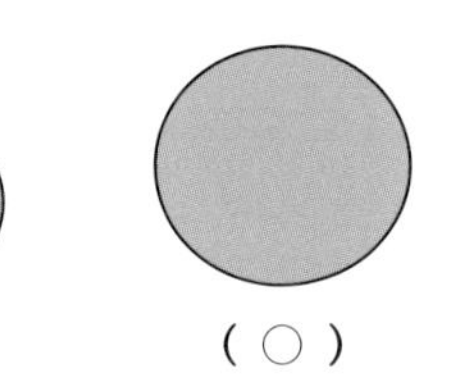

(　　)　(○)

②

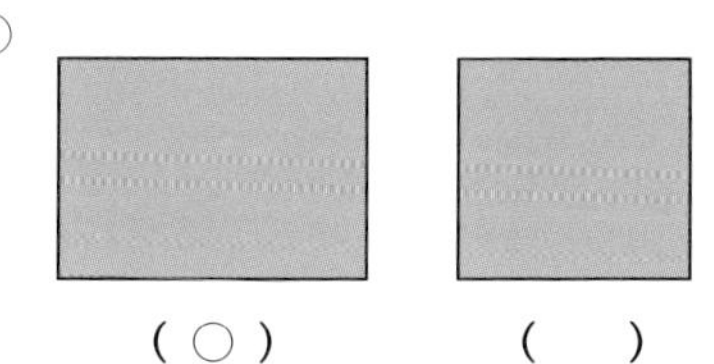

(○)　(　　)

③

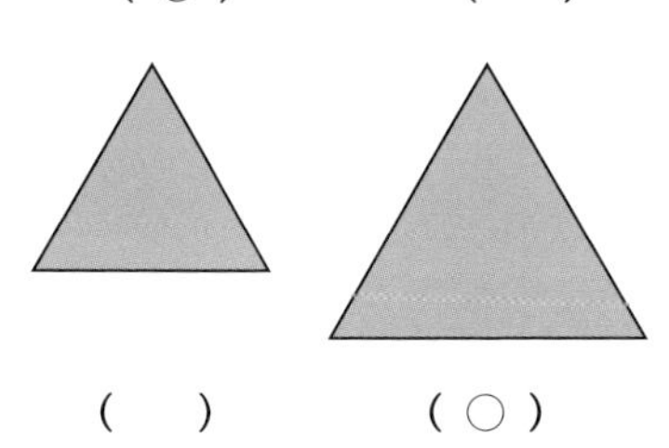

(　　)　(○)

72 ① ㋒

② ㋒

73 ① ㋑

② ㋑

74 1

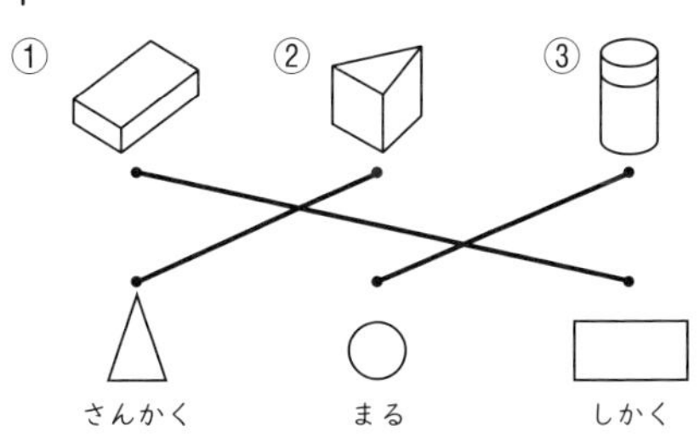

2 ③, ④

75 ① 23 ぼん

② 32 ほん

③ 40 ぽん

76 1 ① 56

② 84

③ 63

④ 98

2 ① 4

② 6

③ 7、5

77 1 ① 5

② 1

③ 70

④ 80

2 ① 83　② 50

③ 70　④ 92

78 ① 100

② 101

③ 106

④ 110

⑤ 99

79 ① 4 ② 19 ③ 32
④ 47 ⑤ 60 ⑥ 71
⑦ 85 ⑧ 100 ⑨ 107

80
① 83 84 85 86 87 88
② 88 89 90 91 92 93
③ 95 96 97 98 99 100
④ 98 99 100 101 102 103
⑤ 107 108 109 110 111 112

81 ① 50 ② 70
③ 80 ④ 90
⑤ 100 ⑥ 100
⑦ 100 ⑧ 100
⑨ 42 ⑩ 95
⑪ 28 ⑫ 67

82 ① 30 ② 50
③ 70 ④ 10
⑤ 40 ⑥ 50
⑦ 30 ⑧ 80
⑨ 40 ⑩ 90
⑪ 81 ⑫ 73

83 ① 9じ ② 10じ
③ 2じ ④ 3じ
⑤ 5じ ⑥ 7じ

84 ① 1じはん
② 2じはん
③ 4じはん
④ 7じ 30ぷん
⑤ 10じ 30ぷん
⑥ 11じ 30ぷん

85 ① 5じ 10ぷん
② 1じ 40ぷん
③ 4じ 50ぷん
④ 9じ 15ふん
⑤ 2じ 35ふん
⑥ 8じ 55ふん

86 ① 8じ 12ふん
② 2じ 28ふん
③ 12じ 47ふん
④ 4じ 41ぷん
⑤ 3じ 33ぷん
⑥ 11じ 25ふん